과학사 밖으로 뛰쳐나온 **대기과학자들**

천재들의 과학노트

캐서린 쿨렌 지음

윤일희(경북대학교 과학교육학부 교수) 옮김

대기과학

6

지브레인

천재들의 과학노트 ❻
대기과학

ⓒ 캐서린 쿨렌, 2007

초 판 1쇄 발행일 2007년 3월 28일
개정판 1쇄 발행일 2017년 5월 30일

지은이 캐서린 쿨렌 옮긴이 윤일희
펴낸이 김지영 펴낸곳 지브레인^{Gbrain}
편집 김현주 삽화 박기종
마케팅 조명구 제작 · 관리 김동영

출판등록 2001년 7월 3일 제2005-000022호
주소 04047 서울시 마포구 어울마당로 5길 25-10 유카리스티아빌딩 3층
                                (구. 서교동 400-16 3층)
전화 (02)2648-7224 팩스 (02)2654-7696

ISBN 978-89-5979-354-9 (04400)
      978-89-5979-357-0 (04080) SET

• 책값은 뒷표지에 있습니다.
• 잘못된 책은 교환해 드립니다.

이 책을 먼 훗날 과학의 개척자들에게 바친다.

우리나라 대학 입시에 수학능력평가제도가 도입된 지도 벌써 10년이 넘었습니다. 그런데 우리나라의 수학능력평가는 제대로 된 방향으로 가고 있을까요?

제가 미국에서 교편을 잡고 있던 시절, 제 수업에는 수학이나 과학과 관련이 없는 전공과목을 공부하는 학생들이 많이 참가했습니다. 학기 첫 주부터 칠판에 수학 공식을 휘갈기면 여기저기에서 한숨 소리가 터져 나왔습니다. 하지만 학기 중반에 이르면 대부분의 학생들이 큰 어려움 없이 미분방정식까지 풀어 가며 강의를 잘 따라왔습니다. 나중에, 어떻게 그 짧은 시간에 수학 공부를 따라올 수 있었느냐고 물으면, 학생들의 대답은 한결같았습니다. 도서관에서 책을 빌려다가 독학을 했다는 것입니다. 이게 바로 수학능력입니다. 미국의 고등학생들은 대학에 진학해서 어떤 학문을 접하더라도 제대로 공부할 수 있는 능력만큼은 갖추고 대학에 진학합니다.

최근에 세상을 떠난 경영학의 세계적인 대가 피터 드러커 박사는 "21세기는 지식의 시대가 될 것이며, 지식의 시대에서는 배움의 끝이 없다"고 말했습니다. 21세기에서 가장 훌륭하게 적응할 수 있는 사람은 어떤 새로운 지식이라도 손쉽게 자기 것으로 만들 수 있고, 어떤 분야의 지식이든 소화할 수 있는 능력을 가진 사람일 것입니다.

이런 점에서 저는 최근 우리나라 대학들이 통합형 논술을 추진하고 있는 것이 매우 바람직한 일이라고 생각합니다. 학생들이 암기해 놓은 지식을 토해 놓는 기술만 습득하도록 하는 것이 아니라 여러 분야의 지식과 사고 체계를 두루 갖춰 어떤 문제든 통합적으로 사고할 수 있도록 하자는 것이 통합형 논술입니다.

앞으로의 학생들이 과학 시대를 살아 갈 것인 만큼 통합형 논술에서 자연과학이 빠질 리 없다는 사실쯤은 쉽게 짐작할 수 있을 것입니다. 그런데 자연과학은 인문학 분야에 비해 준비된 학생과 그렇지 않은 학생의 차이가 확연하게 드러납니다. 입시에서 차이란 결국 이런 부분에서 나는 법입니다. 문과, 이과의 구분에 상관없이 이미 자연과학은 우리 학생들에게 필수적인 과정이 되어 가고 있습니다.

자연과학적 글쓰기가 다른 분야의 글쓰기와 분명하게 다른 또 하나의 차이점은 아마도 내용의 구체성일 것입니다. 구체적인 사례와 구체적인 내용이 결여된 과학적 글쓰기란 상상하기 어렵습니다. 이런 점에서 〈천재들의 과학노트〉 시리즈는 짜임새 있는 기획이 돋보이는 책입니다. 물리학, 화학, 생물학, 지구과학 등 우리에게 익숙한 자연과학 분야는 물론이고 천문 우주학, 대기과학, 해양학과 최근 중요한 분야로 떠오른 '과학 · 기술 · 사회' 분야까지 다양한 내용이 담겨 있습니다. 각 분야마다 10명의 과학자와 과학이론에 대해 기술해 놓았으니 시리즈를 모두 읽고 나면 적어도 80여 가지의 과학 분야에 대한 풍부한 지식을 얻을 수 있는 것입니다.

기본적인 자연과학의 소양을 갖춘 사람이 진정한 교양인으로서 인정받는 시대가 오고 있습니다. 〈천재들의 과학노트〉 시리즈가 새로운 문화시대를 여는 길잡이가 되리라고 확신합니다.

최재천
(이화여대 에코과학부 교수)

과학의 개척자들은 남들이 생각지 못한 아이디어로 새로운 연구를 시작한 사람들이다. 그들은 실패의 위험과 학계의 비난을 무릅쓰고 과학 탐구를 위한 새로운 길을 열었다. 그들의 성장 배경은 다양하다. 어떤 사람은 중학교 이상의 교육을 받은 적이 없었으며, 어떤 사람은 여러 개의 박사 학위를 받기도 했다. 집안이 부유하여 아무런 걱정 없이 연구에 전념할 수 있었던 사람이 있는가 하면, 어떤 이는 너무나 가난해서 영양실조를 앓기도 하고 연구실은커녕 편히 쉴 집조차 없는 어려움을 겪기도 했다. 성격 또한 다양해서, 어떤 사람은 명랑했고, 어떤 사람은 점잖았으며, 어떤 사람은 고집스러웠다. 그러나 그들은 하나같이 지식과 학문을 추구하기 위한 희생을 아끼지 않았고, 과학 연구를 위해 많은 시간을 투자했으며, 자신의 능력을 모두 쏟아 부었다. 자연을 이해하고 싶다는 욕망은 그들이 어려움을 겪을 때 앞으로 나아갈 수 있는 원동력이 되었으며, 그들의 헌신적인 노력으로 인해 과학은 발전할 수 있었다.

　이 시리즈는 생물학, 화학, 지구과학, 해양과학, 물리학, STS(Science, Technology & Society), 우주와 천문학, 기상과 기후 등 여덟 권으로 구성되었다. 각 권에는 그 분야에서 선구적인 업적을 이룬 과학자 열 명의 과학 이론과 삶에 대한 이야기가 담겨 있다. 여기에는 그들의 어린 시절, 어떻게 과학에 뛰어들게 되었는지에 대한 설명, 그리고 그들의 연구와 과학적 발견, 업적을 충분히 이해할 수 있도록 하는 과학에 대한 배경지식 등이 포함되어 있다.

　이 시리즈는 적절한 수준에서 선구적인 과학자들에 대한 사실적인 정보를 제공하기 위해 기획되었다. 이 시리즈를 통해 독자들이 위대한 성취를 이루고자 하는 동기를 얻고, 과학 발전을 이룬 사람들과 연결되어 있다는 유대감을 가지며, 스스로 사회에 긍정적인 영향을 미칠 수 있는 사람이라는 사실을 깨닫게 되기를 바란다.

날씨와 관련된 속담을 찾아보면 다음과 같은 것들이 있다. "이슬이 유리에 맺히면, 비는 결코 내리지 않는다", "저녁에 태양이 붉게 물들면 다음 날 아침은 강한 바람과 폭풍이 몰아친다", "고양이는 바람이 불기 전에는 기둥을 할퀴고, 비가 오기 전에는 얼굴을 씻으며, 눈이 오기 전에는 불가에 등을 대고 앉는다" 등등. 또한 잔디 관리자들은 지면의 온도 변화를 쉽게 알아낼 수 있는 이러저러한 이야기를 만들어내기도 했다. 날씨를 정확하게 예보하고자 하는 기상학자들을 조롱하는 농담들도 있지만, 현대 기술의 유효성과 결합되어 더욱 진보한 과학 지식이 날씨 예보를 크게 발전시키고 있는 중이다. 날씨는 임의 시각에서 특정 지역 주변의 대기 상태로서 온도, 습도, 풍속, 구름의 양, 강수 등으로 나타낸다. 기후의 개념은 장기간 어떤 지역 내에서 일어나는 평균 날씨 상태를 말한다.

전 세계 규모 또는 국지 규모의 대기 현상을 다루게 된다면, 지구의 날씨와 **기후**에 영향을 미치는 인자들을 이해하는 데 물리학과 화학의 원리가 주로 필요하게 될 것이다. 태양

날씨 어떤 시각 어떤 지역에서 온도, 습도, 강수, 구름의 양 등으로 표현되는 대기의 상태.

기후 장기간 어떤 지역에서의 평균적인 대기 상태.

8

으로부터 받는 열에너지는 지구 대기의 온난화에 필수적이지만, 지구가 구형으로 되어 있기 때문에 지역에 따라 가열되는 정도가 다르고 시간에 따라서도 다르게 나타난다. 적도 지역은 태양에 가장 가까운 곳이기 때문에 극 지역보다는 직접 복사를 더 많이 받게 된다. 이러한 결과로 인해 전 세계에 걸쳐 여러 지역에서 발생하는 기단은 서로 다른 온도를 가지게 된다. 지구는 태양 주위를 공전하면서 경사진 지축을 따라 자전한다. 이러한 지축의 경사는 하루 동안, 1년 동안, 심지어 수천 년 동안 온도 변화의 원인이 되고 있다. 태양에 의한 지표면 가열은 액체 상태의 물을 기체 상태의 수증기로 바꾸어 상승시킴으로써 대기 중에 습기를 공급한다. 습기를 포함한 습윤공기는 건조공기보다 더 빨리 상승하고, 냉각하고, 물방울로 응결하고, 구름을 형성하고, 강수가 되어 다시 지표면으로 되돌아온다. 대기를 구성하는 기체 분자들도 복사를 흡수하고, 열을 가두고, 복사를 반사시켜 우주 공간과 지구 표면으로 되돌아가게 만든다. 온난공기는 한랭공기보다 밀도가 더 적기 때문에 상승하고, 반대로 더 한랭하고 더 밀도가 큰 공기는 하강한다. 이런 현상은 기압에 의해서 이루어진다. 이러한 모든 인자들은 물리적 성질이 다른 공기 덩어리인 기단을 형성하여 성질이 다른 기단들이 만나는 경계에서 전선을 형성하게 된다. 전선은 뇌우와 저기압과 같은 날씨 현상을 설명하며, 바람은 기압 차가 많은 기단들이 만날 때 강화된다. 그리고 기압이 높은 쪽에서 낮은 쪽으로 분자들이 밀려 들어가 평형 상태를 만든다.

 지구의 날씨를 연구하는 기상학의 목적은 날씨를 일으키는 모든 인자들과 날씨 상태를 예측할 수 있는 모든 인자들과의 상호작용을 이해하는 것이다. 현재 기상학자들은 천재지변을 일으키는 날씨 사건들을 예보하고자 노력하고 있을 뿐만 아니라, 맹렬한 허리케인을 약화시키기 위해 인공 강우를 위한 구름 씨 뿌리기와 같은 일시적인 날씨 조절 방법을 연구하고 있다.

현재 **기후학자**들에게 던져진 질문은 "인간이 세계 기후에 미친 효과가 무엇인가?"이다. 이 질문과 관련된 것은 대기 중의 온실기체 양의 증가 추세와 미래에 어떻게 이들의 효과가 전 세계 평균 기온에 영향을 미칠 것인가에 있다.

기후학자 기후를 연구하는 과학자.

기상학을 뜻하는 'meteorology'란 단어는 기원전 350년경 고대 그리스의 철학자인 아리스토텔레스가 출판한 《Meteorologica》에서 유래되었다. 아리스토텔레스는 태양의 열은 공기 속에서 수분을 상승시켜 냉각한 다음 강우로서 지표면으로 되돌아온다고 했다. 그 당시 사람들은 이미 강우량과 같은 기본 날씨 자료들을 기록하고 있었지만, 날씨를 이해하게 된 것은 19세기에 와서야 비로소 조금씩 이루어졌다. 이것은 매우 서서히 진행되었으며 20세기까지도 과학자들은 과학적인 주제로서 기상학을 인식하지 못했다. 물리학과 화학을 전공한 대부분의 젊은 과학자들은 기상학 분야를 노력할 만한 가치 있는 학문으로 생각하지 않았기 때문에, 존경받는 학문 분야로 발전하는 데 큰 방해를 받을 수밖에 없었다.

대기 현상에 관심을 가진 사람들은 그것을 조사하기 위한 적절한 측기들을 가지지 못했다. 기압은 날씨와 기후를 연구하는 데 가장 기본적인 현상 중의 하나이다.

1643년 이탈리아의 수학자인 에반젤리스타 토리첼리가 기압을 측정하는 수은기압계를 발명했다. 온도를 잴 수 있는 믿을 만한 도구는 1724년 다니엘 가브리엘 파렌하이트가 최초의 수은온도계를 발명함으로써 생겨났다. 눈여겨봐야 할 것은 1752년 벤자민 프랭클린이 번개가 전기의 방전현상이라는 것을 증명함에 따라, 날씨와 관련된 신비로운 현상들의 일부가 초자연의 기적이 아니라 과학적으로 설명될 수 있는 현상으로 대체되었다는 것이다.

잉글랜드의 약제사인 루크 하워드는 1802년 구름을 분류하는 시스템을 설명함으로써 대기 상태를 객관적인 수단으로 전환시킬 수 있다는 사실을 알려주었다. 또한 그는 1837년 최초의 기상학 교과서로 알려진 《기상학에 관한 7번의 강의록》을 출판했다. 그 당시 아마추어 기상학자들은 상당한 객관성을 가지고 날씨 현상을 설명하고자 했지만, 바람의 특성을 전달하는 수단이 여전히 매우 주관적이었기 때문에 생명을 담보로 일하고 있는 선원과 해상 여행자에게 효과적으로 전달되지 못했다. 이에 날씨 통보를 표준화할 필요성을 느낀 아일랜드 수로학자인 프랜시스 보퍼트 경은 국제적으로 채택되는 풍력계급을 고안했다.

19세기 동안 유럽의 기후는 현재와 같이 그리고 역사에 기록된 바와 같이 온화했다. 그러나 수만 년 전 대부분의 북반구는 거대한 얼음으로 덮여 있었다. 스위스 출신의 박물학자 루이 아가시는 지질학 자료를 이용하여 지구의 기후가 상당한 시간 동안 변화를 경험했다는 것을 보여주는 빙하시대의 증거를 밝혀냈다. 지구의 운동도 하나의 인자로서 국지기후와 계절기후 변동에 영향을 미치는데, 윌리엄 페렐은 수학적으로 대기와 해양에 관련되어 나타나는 유체 순환 모형을 설명했다. 아일랜드의 자연철학자인 존 틴들은 복사열의 투과에 영향을 미치는 대기 기체, 특히 수증기와 이산화탄소의 양의 변동과 기후 변화를 연관시켜 설명했다.

1869년 클리블랜드 애비는 '매일 날씨 알림판'을 만들어 대중들에게 그날그날의 날씨를 통보해주고 미합중국 국립기상국을 창설했지만, 여전히 경험적인 날씨 예보가 그대로 남아 있는 실정이었다. 그러나 노르웨이의 물리학자 빌헬름 비에르크네스가 이런 단점을 보완했다. 그는 자연 활동의 증거에 물리법칙을 적용시켜 대기 중의 기단의 움직임을 과학적으로 설명함으로써 기상학을 과학으로 전환시켰던 것이다. 비에르크네스의 기단 활동의 연구와 전선 특성 연구는 현대 기상학의 토대를 형성한 이론들이다. 그러던 중 대기에 대한 인간 활동의 영향과 같은 날씨와 기후와 관련된 현재 이슈들이 파울 크루첸과 같은 유명한 과학자들의 관심을 끌게 되었다. 파울 크루첸은 지구의 방패인 오존층을 파괴하는 과정들을 연구하여 1995년 노벨 화학상을 수상하기도 했다.

과학의 특징은 의문의 대한 해답을 끊임없이 찾는 것이다. 이 책에서 언급된 선구자들은 지구 대기에서 일어나는 놀라운 일들을 집요하게 파고들어 업적을 쌓은 사람들이다. 또 현재의 과학자들은 전임자에 의해 제기된 새로운 의문점의 답을 얻기 위해 과감하게 도전하고 있으며, 미래 기상학자들과 기후학자들은 현재 연구에서 제시된 의문점을 해결하기 위해 부단히 노력하게 될 것이다. 다시 말해 빙하가 풍부했던 시대와 비교적 온난했던 시대를 통해서 일어난 전 세계 기후 주기처럼 일부 밝혀진 현상들도 있지만, 아직도 풀리지 않은 많은 의문점을 해결하기 위한 연구와 도전도 계속될 것이다.

차례

> 수은기압계를
> 발명한 것으로 유명한
> 이탈리아 수학자
> 에반젤리스타 토리첼리

Chapter 1

수역학의 창설자,

에반젤리스타 토리첼리

Evangelista Torricelli
(1608~1647)

수은기압계의 발명

공기는 우리 눈에 보이지 않지만 질량을 갖기 때문에, 중력에 의해 지구 표면으로 당겨져서 무게를 가지게 된다. 또한 지구상의 모든 것들은 높이 약 80km의 공기 기둥 내에 포함되어 있는 모든 대기 구성 분자들의 집약된 무게에 의해서 압력을 받는다. 지표면으로부터 높이가 더 높아지게 되면 전체 공기의 무게보다 높아진 높이만큼 공기의 무게가 가벼워지기 때문에, 높이가 증가함에 따라 기압이 감소한다. 기압 또는 대기압에 대한 지식은 날씨를 이해하고 예측하는 데 매우 유용하다. 왜냐하면 기압의 차가 바람을 발생시키는 원인이 되기 때문이다.

기상학자들은 기압을 측정하기 위해서 기압계로 불리는 측기를 사용하는데, 이탈리아 수학자인 에반젤리스타 토리첼리가 바로 수은기압계를 발명했다. 토리첼리는 갈릴레오 갈릴레이(1564~1642)의 제자로서도 유명하며, 기하학에 중요한 공헌을 한 것으로도 잘 알려져 있다.

기압 단위 면적당 공기가 누르는 힘으로, 대기압이라고도 한다.

바람 지구 표면 위 공기의 수평 운동을 말한다.

기상학자 기상학을 연구하는 과학자.

기압계 기압을 측정하는 데 사용되는 도구.

수은기압계 수은을 사용하여 기압을 측정하는 측기.

갈릴레오 갈릴레이와 인연을 맺다

에반젤리스타 토리첼리는 1608년 10월 15일 직물 기술공인 아버지 가스파레 토리첼리와 어머니 카테리나 토리첼리 사이에서의 삼형제 중 장남으로 태어났다. 그가 태어난 곳은 로만 가의 파엔차 근교로 현재 이탈리아 중북부 지방에 해당하는 곳이다. 토리첼리는 어린 시절 부모를 여의고, 수도사인 삼촌 자코포의 보살핌과 교육을 받은 것으로 알려져 있다.

1625년 초, 토리첼리는 파엔차에 있던 예수회 학교에 입학하여 수학과 철학을 공부했다. 공부를 잘했던 그를 기특하게 여긴 삼촌은 로마에 있는 사피엔차 대학으로 토리첼리를 유학 보낸다. 그는 수학자이자 수력공학자인 베네데토 카스텔리(1578~1643) 밑에서 공부하게 되는데, 카스텔리는 그 유명한 이탈리아 물리학자이자 천문학자인 갈릴레오 갈릴레이의 옛 제자였다. 이런 인연이 토리첼리의 진로에 중대한 영향을 미치게 되었다. 카스텔리가 토리첼리의 논리적이고 창의적인 사고방식에 매료되어 그를 서기로 고용한 것이다.

1632년 토리첼리는 갈릴레오가 카스텔리에게 보낸 편지를 받고, 여행 중이던 카스텔리를 대신하여 답장을 보내게 된다. 그는 편지에서 조심스럽게 자연스럽게 실력 있는 수학자로서 자신의 능력을 피력했다. 또한 갈릴레오가 최근 발표한 논문과 관련하여 찬양하는 말도 빠트리지 않았다. 이후 8년간 토리첼리의 활동에 관해서 잘 알려진 바는 없으나 갈릴레오의 또 다른 친구인 지오반니 샴폴리(1589~1643)의 서기로 종사한 것으로 추측되고 있다. 이 기간 동안 토리첼리는 수학과 물리학 연구에 몰두하여 중력과 운동에 관한 갈릴레오의 업적에 대한 논문들을 작성하면서 이들을 명쾌하게 설명하고 확장할 수 있을 만큼 능력도 길러두었다. 그는 또한 갈릴레오의 역학을 유체 흐름에 응용했다.

1641년 로마를 다시 방문한 토리첼리는 카스텔리에게 자신의 연구에 대해서 협조를 구했다. 그러자 카스텔리는 스승인 갈릴레오에게 토리첼리를 그의 조수로 채용하고 중력과 운동에 관한 부수적인 강의를 개설해주면 어떻겠냐는 제안을 했다.

1641년 10월 토리첼리는 드디어 피렌체 근처의 아르세트리에 살고 있던 갈릴레오의 조수로 채용되어 그의 집에 머물게 되었다. 그는 다음 해 1월 갈릴레오가 사망할 때까지 이곳에서 머물렀다. 이 짧은 기간 동안, 갈릴레오는 토리첼리에게 **진공**을 만들어보라고 권했다. 진공이란 모든 것들, 심지어 공기마저도 비어 있는 공간을 말하는데, 토리첼리는 이 도전을 받아들여 **기상학** 분야에서 명

진공 물질이 완전히 없는 공간.

성을 얻게 되었다.

역사적으로 과학자들은 자연은 진공을 싫어한다고 믿고 있었다. 이 생각은 아리스토텔레스(BC 384~322)로부터 기원한 것으로, '진공 혐오$^{horror\ vacui}$'라고 부르기도 한다. 이 생각은 자연은 진공을 형성하거나 유지되는 것을 방해하는 데 필요한 모든 것들을 행한다는 뜻을 내포하는 것이다. 갈릴레오는 진공을 피하는 것이 자연의 힘이라 믿었고, 이것으로 인하여 피스톤이 실린더 내의 물을 끌어 올리는 것이라 생각했다. 그러나 그는 '광산에서 사용되는 흡입펌프가 왜 약 10m 미만에서만 물을 끌어 올릴 수 있을까?'라는 의문에 빠지게 되었다. 만약 진공의 힘이 갈릴레오가 믿었던 것처럼 물을 끌어 올릴 수 있다면, 흡입펌프의 끝까지 물이 왜 도달하지 않을까?

기압계의 발명

토리첼리는 갈릴레오와는 다른 생각을 가지고 있었다. 그는 공기가 무게를 갖고 있다고 생각했던 것이다. 이 생각은 당시로는 파격적인 것이었다. **기체**들의 성질은 여전히 신비로웠고, 사실 'gas'라는 단어도 채 생겨나지 않은 때였다. 만약 공기가 무게를 가지고 있다면 공기는 실린더 밖의 물의 표면을 누를 수 있을 것이고, 피스톤이 위로 올라감에 따라 물이 위로 올라가도록 힘을 가하게 될 것이다. 그

기상학 대기와 날씨에 영향을 미치는 대기 조건의 변화를 연구하는 학문 분야.

기체 억제력이 없다면 무한히 팽창할 수 있는 물질의 물리적 상태.

러면서 실린더 안에는 공간이 발생하게 될 것이다. 이 가정을 시험하기 위해서, 토리첼리는 한쪽 끝은 막고 다른 쪽 끝은 열린 1.2m 유리관에 수은을 가득 넣었다. 그리고 물보다 밀도가 13.6 배가 더 큰 수은을 사발 안에 채워 공기가 들어가지 못하도록 했다. 수은을 사용한 이유는, 물 또는 알코올과 같은 밀도가 작은 유체를 사용하면 대기의 무게와 평형을 이루는 유리관의 높이가 거의 15m에 달하기 때문이다.

그런 다음 손가락으로 열린 끝을 막은 뒤 뒤집어 사발 속에 넣었다. 이어서 손가락을 떼게 되면, 수은은 유리관으로부터 나와 일부는 사발 속을 채웠다. 그러나 유리관 내에서는 사발 속 수은 면 위약 760mm 높이에서 멈추었다. 수은이 유리관 밖으로 나오게 되면 유리관 꼭대기 내의 기압은 감소했고, 수은에 압력을 가하던 외부 공기의 무게는 수은을 유리관 속으로 다시 밀어 넣도록 하여 유리관이 완전히 비우는 것을 방해했다. 이 실험으로 토리첼리는 공기가 무게를 가지고 있다는 것을 증명했다.

토리첼리는 끝부분이 둥근 구로 된 유리관을 사용하여 반복적으로 실험을 해보아도, 진공의 체적은 수은주의 높이에 어떠한 영

토리첼리 수은기압계의 원리

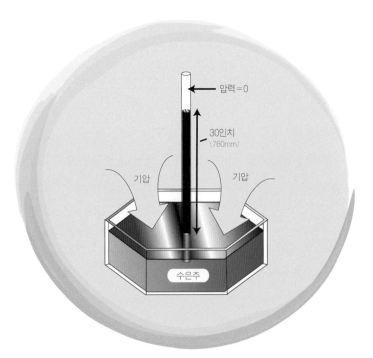

향도 미치지 못하는 것을 알아냈다. 또한 수은주를 지탱하는 것이 진공이 아니라 외부 힘이라는 것을 보여주었다. 대기의 무게는 760mm 수은주 높이에 해당한다는 것을 증명해 보인 것이다. 그가 명명한 '토르^{torr}'는 압력을 나타내는 측정 단위로서 1torr는 수은주의 높이를 1mm 올릴 수 있는 것이다. 즉 760torr=1기압 =1013.5mb =1013.5hPa. 오늘날 기상학자들은 기압의 단위로서 헥토파스칼^{hPa}을 사용한다(1hPa=0.750torr).

유리관 안 수은의 꼭대기에는 아무것도 존재하지 않았기 때문에, 이 유명한 실험은 또한 진공을 만든 최초의 실험이 되기도 했다. 소문에 의하면 토리첼리는 생물체에 대한 진공의 효과에 관심을 가진 것으로 알려지고 있다. 그는 곤충과 작은 동물들을 진공을 포함하고 있는 공간에 넣어 조사해보고자 했지만, 이들은 수은의 무게 때문에 생존할 수 없었다. 이 외에도 토리첼리는 빛과 **자기**는 진공을 통과할 수 있다는 것을 관측해내었다.

> **자기** 전류가 다른 전류에 가하는 힘.

광산에 사용되는 흡입펌프의 의문으로 되돌아가면, 물은 기압이 허용하는 데까지만 올라올 수 있었다. 기압이 더 커지게 되면 흡입펌프 내에서 올릴 수 있는 물의 무게는 외부 공기의 무게에 의해서 수평을 이루는 점까지만 물을 끌어 올릴 수 있다.

수은주의 높이는 매일매일 조금씩 변동한다. 이것은 기압의 자연적인 변동으로 인해 사발 내의 수은 면에 미치는 기압이 다소간 변동하기 때문이다. 토리첼리 수은기압계는 여러 가지 날씨 조건에 관런되어 나타나는 기압의 변화를 측정할 수 있는 최초의 측기이다. 또한 그의 발명은 기체에 대한 과학적인 연구를 시작할 수 있게 만들어줌으로써 여러 사람들이 연구할 수 있도록 했다. 과학자들은 진공을 발생시키는 새로운 방법을 고안했고, 여러 종류의 기압계를 발명했다. 예를 들면, 비행사들은 비행기의 고도를 추정하기 위해서 유체를 사용하지 않는 **아네로이드 기압계**를 이용한다.

토리첼리의 친구이자 프랑스 수학자인 물리학자 블라즈 파스칼 (1623~1662)은 공기가 무게를 가진다는 토리첼리의 가설을 더욱 더 뒷받침해주는 실험을 수행했다. 그는 만약 공기의 무게가 실제로 존재하여 수은주가 어떤 높이를 유지할 수 있게 한다면, 고도가 높은 곳으로 올라갈수록 수은주에 부과하는 공기가 적어지게 되어 결과적으로 수은주의 높이가 낮아지게 될 것이라고 생각했다. 당시 파스칼은 너무 병약했고 파리에는 높은 산이 없었기 때문에 직접 이 실험을 수행할 수가 없었다. 파스칼은 1648년 프랑스 남부 오베르뉴 산악지대에 살고 있던 처남인 플로린 페리에(1605~1672)에게 두 대의 수은기압계를 보내 실험을 부탁했다. 수은주의 높이는 고도가 증가함에 따라 감소한다는 것을 발견한 페리에는 파스칼에게 그 결과를 보고했다. 파스칼은 기압이 낮아짐에 따라 보통 **강수**가 관측된다는 토리첼리의 연구를 확장시켜 계속 연구했다.

1642년 갈릴레오가 사망한 후, 토리첼

> **아네로이드 기압계** 기압의 변화에 의해 팽창 또는 축소하는 진공 상자로 만들어진 매우 민감한 기압계의 한 종류이다.
>
> **강수** 대기에서 지표면으로 떨어지는 비 또는 눈과 같은 모든 형태의 물.

리는 갈릴레오를 대신하여 이탈리아 북서부 토스카나의 대공작인
페르디난도 2세(1610~1670)의 왕궁 수학자 겸 철학자가 되었다.
페르디난도 2세는 날씨 분석을 위하여 여
러 나라의 **온도**, 기압, **습도**와 같은 정량적
인 자료들을 수집하여 최초의 국제적인 날
씨 관측망을 창설한 기상학의 선구자로서
간주되고 있다. 토리첼리는 플로렌스에 거

> **온도** 물체의 따뜻함 또는 한
> 랭함의 정도를 숫자로 나타
> 낸 것.
> **습도** 대기 중의 수증기의 양.

주하면서 죽을 때까지 자신의 능력을 발휘했다. 이 기간 동안 그는
매우 많은 업적을 이룩했고, 그의 명성은 다른 유명한 과학자와 수
학자에게 알려지게 되었다.

수학의 공헌

토리첼리는 수은기압계를 발명한 것으로도 유명하지만, 수학에
대한 그의 공헌은 과학사에 길이 남을 만한 것이다. 그는 처음에는
기하학자로 출발했으나 기하학과 미분학을 서로 연관시키는 데 성
공했다. 그가 1644년 대공작의 지원을 받아 출판한 책인《기하학
연구》는 그의 연구 결과가 담긴 유일한 책이다. 그의 다른 업적은
개인적인 서신 연구 노트, 물리학에 관한 강의록을 통하여 알려지
고 있을 뿐이다.《기하학 연구》에서 토리첼리는 고전 그리스 기하
학과 이탈리아 수학자인 프란체스코 카발리에리(1598~1647)가 새
롭게 개발한 불가분량 기하학을 융합하는 특출한 능력을 발휘했다.

'불가분량^{indivisible}'이란 곡선으로 되어 있는 면적을 계산하는 데 카발리에리가 사용한 매우 작은 얇은 삼각형을 말한다. 토리첼리는 곡선 모양의 불가분량에 카발리에리의 연구를 확장했다. 그는 또한 면적, 구적, 접선을 포함한 사이클로이드^{cycloid}의 기하학을 위한 계산을 그림으로 나타내었다. 사이클로이드는 회전하는 원의 원주상의 점을 따라 만들어지는 원을 말한다.

한편 프랑스 수학자인 질 페르손 드 로베르발(1602~1675)은 토리첼리와 동시대에 사이클로이드 기하학을 위한 계산을 이끌어낸 사람이다. 그러나 흥미롭게도 그는 토리첼리가 자신의 연구를 감추었다고 비난했다. 토리첼리와 로베르발은 이 주제에 관해 격렬하게 편지로 논쟁했고, 토리첼리는 사망할 무렵 이들 편지를 정리하여 책으로 출판할 준비를 하고 있었다.

또한《기하학 연구》에서 토리첼리는 포물체 운동과 입체, 포물선, 타원, 나선들을 포함한 다양한 기하학적 모양을 설명했다. 그는 갈릴레오에 의해서 최초로 논의된 포물선 궤적을 조사했고, 물의 움직임에 관한 실험을 포함시켰다. 그는 용기의 밑바닥에 있는 구멍으로부터 흘러내리는 액체의 운동을 기술했는데, 그때 액체의 속력은 구멍의 한 점에서 액체의 꼭대기와 동일한 거리로부터 진공 속에서 액체의 한 방울이 연직 방향으로 자유 낙하하는 데 걸리는 속력과 같다는 것으로 결론지었다. 이를 가리켜 현재 '토리첼리의 정리'라 한다. 그는 또한 만약 구멍이 용기의 벽에 있을 때, 액체는 포물선 모양으로 유출된다는 것도 증명했다.《기하학 연구》에서 간략하게 설명된 다른 원리는 만약 물체의 중력 중심이 내려가게 되면 수많은 물체로 이루어진 강체 시스템은 지구 표면에 동시에 움직일 수 있다는 것을 설명한 것이다. 지면상 간단히 소개했지만, 이러한 논문으로 인하여 토리첼리는 전 유럽에서 존경받는 수학자 겸 물리학자가 되었다.

토리첼리는 여러 가지 중요한 과학적인 업적을 이룩한 사람이다. 망원경 렌즈를 제작할 수 있는 기술을 가지고 있었던 그는 특별히 주문을 받아 렌즈를 제작하여 생활비를 벌기도 했다. 그런데 이러한 기술은 그가 죽기 전까지 비밀로 부쳐졌다. 기본적으로 그는 좋은 재료를 사용했고, 렌즈 표면을 정확하게 가공했으며, 뒷질 또는

고기압에서 저기압으로 흐르는 우리 공기들을 '바람'이라고 하지.

불로 렌즈를 붙들어 매지 않았다. 일부 역사가들은 '토리첼리가 갈릴레오의 공기 온도계를 더욱더 정확한 액체 온도계로 바꾸었다'고 믿고 있다. 토리첼리는 그 당시 사람들이 믿고 있던, 바람은 축축한 지면으로부터 수증기를 증발하는 발산물이 아니라 온도의 변화에 기인한다는 것을 주장했다. 그러므로 한랭한 공기는 온난한 공기보다 더 밀집하고 더 무게가 무겁다. 무겁고 한랭한 공기는 자연적으로 공기가 더 온난하고 가벼운 지역으로 확산하여 평형 상태로 도달하려고 노력한다. 즉 바람은 기압이 높은 지역으로부터 낮은 지역쪽으로 공기가 흐름으로써 형성된다. 따라서 기압 차가 크면 클수록 바람은 더 강하게 불게 된다.

너무 이른 죽음

1647년 10월 25일 에반젤리스타 토리첼리는 장티푸스 열병으로 갑자기 사망하게 된다. 39세의 젊은 나이로 세상을 뜬 그는 플로렌스 산 로렌초 교회에 매장되었다. 토리첼리는 그의 짧은 생애에도 불구하고 많은 업적을 이룩해냈다. 그는 기하학 분야에 중요한 공헌을 하여 적분학의 발달을 이끌었고, 진공을 최초로 만들어냈으며, 또한 수은기압계를 발명하기도 했다. 오스트리아 물리학자인 에른스트 마흐(1838~1916)는 토리첼리를 '수역학의 창설자'라고 불렀다. 만약 그가 더 오래 살았다면, 그가 또 무엇을 이루어냈을지 아무도 모를 일이다.

사람의 체온을 재는 체온계나 뒤뜰의 온도를 재는 온도계는 동일한 원리로 작동하는 것으로, 온도가 올라가거나 내려가는 것을 측정하는 측기이다. 일반 온도계는 보통 수은이나 알코올을 넣은 유리관으로 만들어진다. 액체의 체적은 온도에 의존하기 때문에, 유리관 속의 액체는 온도 변화에 따라 올라가거나 내려가게 된다. 기체가 가열되면 팽창하는 것과 같이, 냉각되면 그들은 공간을 덜 차지하게 된다. 액체도 기체와 같이 온도 변화에 따라 팽창하거나 수축한다. 이러한 온도 변화는 좁은 유리관에서는 확대되어 나타나기 때문에, 작은 온도 변화에도 액체의 체적 증가를 눈으로 확인할 수 있다. 유리관 밑바닥의 굽는 직경이 2.5mm 미만으로 작기 때문에, 외부 온도 변화는 쉽게 온도계 내의 액체 내로 전달되게 된다. 보통 액체로 사용되는 수은은 어는점이 −39°이고 끓는점이 357°로서 일정한 비율로 팽창하므로 알코올과 물이 혼합된 온도계보다 더 정확하다.

가장 일반적으로 사용되는 온도 눈금에는 화씨 눈금과 섭씨 눈금이 있다. 독일 물리학자인 다니엘 가브리엘 파렌하이트(1686~1736)는 1724년 최초의 정밀 수은온도계를 발명했고, 최초의 정확한 온도 눈금을 고안했다. 그는 어는점과 끓는점 사이를 180°로 구분한 눈금을 사용했다. 그의 눈금에서 가장 낮은 점은 0°로서, 파렌하이트는 이 온도 점을 얼음과 여러 가지 소금을 혼합하여 실험실에서 만들 수 있는 가장 낮은 온도로 사용했다. 이것은 정상적인 물의 어는점이 0° 이상이라는 점을 의미한다. 실제 물의 어는점은 32°이다. 유리관에 수은을 채운 다음 끝부분을 봉한 뒤, 파렌하이트는 언 물을 유리관 속으로 집어넣어 수은주가 32 눈금에 위치하도록 온도계를 보정했다. 그는 끓는 물을 유리관 속에 집어넣어 수은주가 212 눈금에 위치하도록 했고, 이 두 점 사이에 180등급으로 눈금을 매겼다. 스웨덴 천문학자인 안데르스 셀시우스(1701~1744)는 100등분 눈금을 사용하여 어는점과 끓는점을 부여했다. 그가 처음 주장한 것은 현재와는 다르게 어는점을 100°로 하고 끓는점을 0°로 했지만 후에 현재와 같이 뒤바뀌게 되었다. 기압은 또한 액체의 물리적인 성질에 영향을 미치기 때문에, 이상적인 대기권이 가지는 일정한 기압을 보통 1기압(=1013.25hPa)으로 지정하여 사용하고 있다.

대기권 지구를 둘러싸고 있는 공기층.

연 대 기

1608	10월 15일 현재 이탈리아의 파엔차에서 출생
1624	파엔차에 있는 예수회 학교에 입학
1626	베네데토 카스텔리의 서기가 됨
1632	갈릴레오에게 편지로 자신을 소개함
1641	갈릴레오의 조수가 됨
1642	토스카나 대공작의 수학자로 갈릴레오를 계승
1643	수은기압계 발명
1644	《기하학 연구》 출판
1646	사이클로이드에 관한 책 집필 시작
1647	10월 25일 토스카나 플로렌스에서 사망

번개를 전기 현상으로
증명해낸 미국의 과학자
벤자민 프랭클린

Chapter 2

기상학 · 해양학 · 물리학 분야의 거목,

벤자민 프랭클린

Benjamin Franklin
(1706~1790)

번개는 전기 현상일 뿐

벤자민 프랭클린은 미합중국이란 새로운 나라를 건설하는 데 기여를 하여 역사의 한 페이지를 장식한 사람인 동시에 유능한 과학자였다. 해류부터 대류까지 그리고 전기부터 회오리바람까지 모든 것을 연구했던 이 다재다능한 미국인은 불우한 어린 시절을 보냈지만, 마흔의 나이에 국제적인 명성을 얻게 되었다.

프랭클린이 번개가 전기 현상이라는 것을 증명해내자 당시 사람들은 큰 충격을 받았다. 노한 신의 행위라 믿었던 것이 과학적 설명이 가능한 자연 현상임이 밝혀졌기 때문이다.

해류 해수의 흐름.

대류 온난한 부분은 상승하고 한랭한 부분은 하강하는 유체의 운동.

번개 대기 내에서 일어나는 전기 방전이 우리 눈에 보이는 현상.

아버지를 존경했던 소년

벤자민 프랭클린은 1706년 1월 17일 미국 매사추세츠 주 보스턴 시 밀크 가에서 태어났다. 그의 아버지 조사이어 프랭클린 (1657~1745)은 첫 번째 부인 앤 차일드(?~1689)와의 사이에서 7명(5남 2녀)의 자녀를 낳았고, 두 번째 부인인 벤자민의 어머니 어바이어 폴저(1667~1752)와의 사이에 10명(4남 6녀)의 자녀를 두었다. 벤자민은 이들 사이에서 태어난 사내아이 중 막내였고 그의 밑에는 여동생이 둘 있었다. 조사이어는 양초와 비누 제조업을 하면서 가난하게 가정을 꾸려갔다. 벤자민은 아주 어릴 적부터 글을 읽었고, 모든 것을 재빠르게 깨우치는 똑똑한 아이였다. 벤자민이 목사가 되기를 바랐던 그의 아버지의 뜻에 따라 벤자민은 여덟 살 때 보스턴 라틴어 학교에 입학했다. 처음에는 반에서 중간 정도의 성적을 거뒀던 벤자민이지만 1년 만에 1등을 했고 3학년으로 진급할 수 있을 만큼 탁월한 실력을 보여주었다. 그러나 학비가 너무 비싸 1년 후, 그의 아버지는 벤자민을 기초적인 셈과 읽기를 가르치는 학교로 전학시켜야 했다.

벤자민이 열 살이 되자 아버지는 집안일을 시키기 위해서 다니던 학교를 그만두게 했다. 그는 일주일에 6일씩, 매일 12시간을 심지를 자르고 기름을 틀에 부어 양초를 만들거나 아버지의 심부름을 하며 고되게 일했다.

바다를 동경했던 벤자민이 가출하여 그의 형들처럼 선원이 되지 않을까 두려웠던 아버지는 벤자민에게 다양한 직업을 알려주는 데 노력을 아끼지 않았다.

독서를 매우 좋아하고 노는 것도 즐겼던 벤자민은 우수한 수영선수였고 조정선수였다. 또한 창조적으로 문제를 해결하는 사람이었다. 어느 날 친구들과 낚시를 하다가 벤자민은 그들이 서 있던 땅이 진흙 진창으로 되어 있는 걸 깨달았다. 벤자민은 근처의 공사장에서 돌 꾸러미를 가져와 낚시하기에 좋은 둔덕을 만들자고 친구들에게 제안했다. 저녁을 먹고 난 후 그들은 돌을 날라 둔덕을 만들었다. 그러나 다음 날 공사장에서 돌을 가져온 것이 들통 나는 바람에 다시 제자리에 돌을 갖다 놓게 되었다. 벤자민이 꾸중을 면하기 위해서 변명을 늘어놓자 아버지는 다음과 같이 말했다.

"정직하지 않으면 쓸모 있는 일은 아무것도 없다."

이 말은 벤자민에게 매우 가치 있는 교훈이 되어 수십 년이 지난 후 그의 자서전에도 기록되었다. 이웃 사람들과 교회의 교우들이 아버지에게 개인적인 일이나 사업에 대해 의견을 구하는 것을 많이 보았던 벤자민은 어른이 되어서도 아버지에 대한 신뢰를 저버리지 않았다.

인쇄견습공으로 일하던 시절

1718년 책에 관심이 많았던 열두 살의 벤자민은 인쇄업자가 되기로 마음먹었다. 때마침 그의 형인 제임스가 인쇄업자이기도 했다. 벤자민은 형 밑에서 21세가 될 때까지 견습공으로 일한다는 내용의 계약서를 체결했다. 그 대신 방과 식사, 장사 기술을 배울 수 있었고, 마지막 해에는 급료를 지급받을 수도 있었다. 벤자민은 빠르게 장사 기술을 익혔고, 많은 책을 접할 수 있는 기회를 갖게 되었다. 그는 저녁때 빌려온 책을 다음 날 아침 돌려주기 위해 늦은 밤까지 읽기도 했다. 인쇄소의 고객이었던 매슈 애덤스는 그에게 자신의 개인 도서관을 이용할 수 있도록 허락해주었다. 그 일을 계기로 벤자민은 독학으로 수학을 공부하면서 시에도 관심을 갖게 되었다. 수학은 그가 여러 해 전에 어려움을 겪었던 과목이었고, 시를 짓는 데는 돈이 들지 않기 때문에 아버지의 격려까지 받을 수 있었다.

1721년 제임스는 뉴잉글랜드의 두 번째 신문인 〈뉴잉글랜드 신보〉를 발간하기 시작했다. 때때로 제임스는 그의 친구들로부터 기사를 받아 출판하곤 했다. 독서뿐만 아니라 글쓰기도 즐겨 했던 벤자민은 어느 날, '조용한 사회개혁자Silence Dogood'라는 필명으로 에세이를 써서 밤에 인쇄소의 문 밑에 떨어뜨려 놓았다. 이 에세이는 수다스럽고 자기주장이 강한 미망인이 말하는 형식을 취하는 작품이었다. 제임스와 친구들은 이 에세이가 출판할 만한 가치가 있다고 생각했다.

벤자민은 14편의 에세이를 계속해서 익명으로 제출했다. 도박에 빠져 있던 제임스가 동생으로부터 이 사실을 전해 들었을 때, 그는 벤자민의 속임수에 화를 내었다. 이 사건은 이미 좋지 않은 두 형제의 관계에 기름을 붓는 격이 되고 말았다. 벤자민은 '형이 나를 견습공으로 생각하지 않고 마치 노예처럼 취급한다'고 느끼고 있었다.

제임스가 비평 기사로 인하여 1개월 동안 구류를 살게 되었을 때, 벤자민이 대신 신문사를 관리하게 되었다. 그리고 수개월 후 제임스가 신문발행을 금지당하면서 신문은 벤자민의 이름으로 발행하게 되었다. 그러나 형제 사이의 감정은 여전히 좋지 않았고, 벤자민이 제임스에게 계약의 조정을 요청했을 때, 제임스는 주변 인쇄업자에게 벤자민을 고용하지 못하도록 위협했다.

보스턴에서 결코 일할 수 없으리라는 것을 깨달은 벤자민은 뉴욕으로 달아날 계획을 세웠다. 문제는 범선이 항해하는 항로를 비밀에 부쳐 제임스가 찾지 못하도록 하는 것이었다. 그래서 벤자민은 친구인 존 콜린스에게 부탁하여 "여자친구를 임신시킨 친구가 그 여자와 결혼을 강요받고 있으므로 떳떳하게 도망칠 형편이 아니다"라는 거짓말로 선장을 속여 배에 몰래 탔다.

파란만장한 인생 이야기

17세가 된 벤자민 프랭클린은 뉴욕에 도착했으나, 당장 직장을 구할 수는 없었다. 그러던 어느 날, 한 인쇄업자로부터 필라델피아에 있는 인쇄업자의 아들이 인쇄업을 도와줄 사람을 찾고 있다는 말을 들었다. 프랭클린은 즉시 그곳을 떠나 많은 고생 끝에 필라델피아에 도착했지만 절망적인 소식을 들었다. 이미 다른 사람을 고용했다는 것이다. 실망만 하고 있을 처지가 아니었던 프랭클린은 당시 필라델피아에 있던 2명의 인쇄업자 중 한 사람인 새뮤얼 키머(1688~1738)를 찾아갔다. 키머는 프랭클린의 능력에 감동받아 고용했고, 나중에 처남이 된 리드 옆방에 프랭클린의 방을 꾸며주었다. 프랭클린은 키머 밑에서 일하는 동안, 펜실베이니아 지사인 윌리엄 키스의 관심을 받게 되었다. 키스 지사는 프랭클린에게 매우 감명받아 인쇄사업을 제안했다.

1724년 4월 말경, 프랭클린은 키스 지사의 지원 요청 편지를 가지고 키스 지사의 아버지가 있는 보스턴으로 갔다. 수개월 동안 전혀 소식을 주고받지 못했던 키스 지사의 가족들은 기쁘게 프랭클린을 맞아주지만, 지사의 아버지는 프랭클린에게 지원하는 것은 거절했다. 아버지는 그가 너무 어리고 경험도 없다고 생각했던 것이다. 실망한 키스 지사는 대신 프랭클린을 지원하기로 약속했다. 키스는 프랭클린을 런던으로 보내 인쇄소를 차리는 데 필요한 활자와 인쇄기를 구매할 수 있게 해주기로 했다. 그런데 유감스럽게도, 구매 물품을 계산하기 위해 필요한 키스 지사의 신용장이 도착하지 않아 프랭클린은 물건 구입뿐만 아니라 귀국할 돈도 없어 런던에 주저앉게 되었다.

1년 6개월 동안 프랭클린은 런던에 있는 두 곳의 인쇄소에서 일하며 많은 사람들을 사귀었고 문화를 즐겼다. 그의 아버지가 잉글랜드로부터 이주했기 때문에, 프랭클린은 이곳이 모국이나 다름없다고 생각했다. 그가 알고 지내던 사람 중에 필라델피아에서 가게를 열 계획이던 토머스 더넘이 그에게 도움을 요청해왔다.

그는 더넘을 도와 장사에 필요한 물건들을 모으고, 마침내 1726년 10월 11일 필라델피아로 돌아왔다. 모든 일이 순조로웠으나, 1727년 두 사람은 중병에 걸리고 말았다. 다행히 프랭클린은 회복했으나, 더넘은 회복되지 못하고 사망했다. 이때가 그의 나이 스물한 살이었다. 프랭클린은 또다시 친척도 없고 직업도 없는 처지로 필라델피아에 남게 되었다. 그는 자존심을 버리고 키머에게 직장을 부탁하기로 했다.

프랭클린은 키머가 제공한 자리를 변변찮게 생각했지만, 키머는 그를 다시 고용한 것에 대해 매우 흡족하게 생각했다. 키머의 인쇄소에는 새로 고용된 숙련공과 조수들이 일하게 되었다. 키머는 프랭클린이 조수들에게 그가 알고 있는 모든 것을 가르쳐주기를 원했다. 프랭클린은 키머의 고용인들을 즐겁게 가르쳤다.

시간이 흐르자 프랭클린의 필요성이 없어진 키머는 프랭클린에게 급료 삭감을 통보했다. 이에 격분한 프랭클린은 키머의 인쇄소를 그만두었고, 키머의 조수 가운데 한 사람인 휴 메리디스(1697~?)와 함께 인쇄소를 열었다. 다행히 메리디스 아버지가 보증을 서서 자금을 마련해주었으므로 개업한 그들 사업은 만족스럽게 운영되었다. 그러나 메리디스는 프랭클린처럼 열심히 일하지 않아 메리디스의 아버지는 부채를 갚아주지 않았다. 1730년 프랭클린은 자신의 사업을 차리기 위해 친구들로부터 돈을 빌렸다.

이 무렵 프랭클린은 비밀 클럽을 만들어 운영하기 시작했다. 회원들은 에세이를 썼고 정치 문제부터 자연과학 분야까지 폭넓게 토론했다. 프랭클린은 1724년 런던으로 떠나기 전부터 사귀던 전 집주인의 딸인 데보라 리드(1708~1774)와 1730년 9월 1일 우여곡절 끝에 결혼했다. 그들은 결혼하기 전까지 극복해야 할 장애가 많았다. 첫째, 프랭클린은 이미 걸음마를 시작한 사생아 아들인 윌리엄 프랭클린(1731~1813)을 두고 있었다. 그리고 데보라는 이미 결혼한 유부녀로 이혼하지 않은 상태였고 그의 남편이 어디에 있는지도 잘 몰랐다.

프랭클린과 데보라는 슬하에 1남 1녀를 두었다. 첫째는 프랜시스 프랭클린(1732~1736)이고 둘째는 사라 프랭클린(1743~1808)이었다. 안타깝게도 프랜시스는 네 살 때 천연두로 사망했다.

가난한 리처드의 책력

프랭클린이 곧 신문을 발행한다는 소식을 듣자 키머는 그를 앞지르기 위해 먼저 〈펜실베이니아 가제트〉지를 발행했다. 프랭클린은 경쟁사 신문에 기사를 쓰기 시작했다. 이로 인하여 키머의 신문사는 파산하고 말았다. 1729년 프랭클린은 키머의 신문사를 인수했고, 그 후 이 신문사는 큰 성공을 거두었다. 수십 년 동안 그는 이 신문을 그가 지원하던 단체와 정치 운동을 증진시키는 데 이용했다. 1732년 프랭클린은 《가난한 리처드의 책력》을 발행하기 시작했다. 책력은 18세기에 매우 인기가 있었는데, 저자들은 매년 날씨, 조석, 그 밖의 여러 편리한 정보에 관련되는 자료를 편집했다. 프랭클린은 날짜와 날짜 사이의 조그만 여백에 "일찍 자고 일찍 일어나는 것이 건강, 재물, 지혜를 얻을 수 있는 길이다"와 같은 문구를 포함시켰다. 그의 책력은 1758년 발행을 중단하기 전까지 베스트셀러였다.

  견실하고 정직한 사업가로 명성을 얻게 됨으로써, 프랭클린은 지폐 인쇄를 비롯해 많은 공식적인 정부 사업을 할 수 있게 되었다. 그는 필라델피아의 많은 공공기관의 창설에 도움을 주었다. 예를 들면, 기부금을 받아 책을 구매하여 공동으로 운영하는 최초의 회원제 공공 도서관을 창설했고, 1736년 필라델피아 유니언 소방조합을 창설했으며 시의 경찰력도 보강했다. 또한 시의 주요 도로를 포장해 지방 상인들이 묻혀오는 진흙으로부터 보호했다. 그리고 1752년 필라델피아에 최초의 병원을 설립하기 위하여 캠페인을 선도했고, 필라델피아 최초의 대학을 설립하기도 했다. 이 대학은 현재 펜실베이니아 대학교의 전신이다. 그는 이러한 모든 일들을 해내면서도 필라델피아 우체국장(1737~1753)으로 지냈고, 아메리카 체신장관의 회계 검사관(1753~1774)으로 일했으며 1755년 의용군을 결성했다. 또한 시의원으로 선출되어 1736년부터 1751년까지 필라델피아 하원의 서기로 종사했다. 그는 펜실베이니아 하원을 대표했을 뿐만 아니라, 후에는 뉴저지, 조지아, 매사추세츠 주를 대표하여 여러

번 해외로 나가기도 했다. 이러한 수많은 업적들은 수백 권의 교과
서와 역사책들에서 상세하게 소개되고 있다.

펜실베이니아 벽난로

1748년 프랭클린은 인쇄업을 접고 과학적인 문제에 대해서 사고
하기 시작했다. 1740년대 중반, 그는 과학과 인문학의 유용한 지식
을 조성하기 위해서 '미국철학학회'를 창립했다. 회원들은 식물, 동
물, 지리학에 관한 지식을 공유했고 과학 보고서를 출판했다. 이 학
회는 미국에서 최초로 결성된 과학 단체로서 오늘날까지 이어지고
있다.

1742년 프랭클린은 펜실베이니아 벽난로라고 불리는 것을 발명
했는데, 이것은 보통 '프랭클린 난로 Franklin stove'로 더 잘 알려져 있
다. 그 당시 벽난로는 장작을 사용했기 때문에 효능이 떨어졌다. 장
작은 잘게 쪼개야 했고 보통 먼 거리에서부터 모아야만 했다. 일단
불이 붙게 되면, 대부분의 열은 굴뚝으로 올라갔다. 따라서 벽난로
에서 나오는 온기를 얻기 위해서는 불 앞에 서 있어야만 했다. 이런
이유로 많은 사람들이 한방에 있어도 난로 근처에 있는 일부 사람만
이 온기를 느낄 수 있었다. 프랭클린은 어린 시절 정규 교육을 겨우
2년밖에 다니지 못했지만, 대단히 구체적인 방법으로 문제를 해결
했다. 그는 전통적인 벽난로의 주된 문제점이 대부분의 뜨거운 공기
가 곧바로 굴뚝으로 빠져나가며 이를 통해 진공이 방 안에 형성되어

출입구 또는 창문 틈새로 찬 공기가 밀려 들어와 외풍을 발생시키는 것이라 생각했다. 그는 금속 전도의 장점과 따뜻한 공기는 자연적으로 상승한다는 사실을 이용하여 벽난로 내에 더 많은 대류가 효과적으로 발생할 수 있도록 고안했다.

펜실베이니아 벽난로 내에서 신선한 공기는 벽난로의 아래쪽으로 불어 들어와 실제 불이 붙은 뒤에 장치된 속이 빈 챔버로 올라가도

펜실베이니아 벽난로

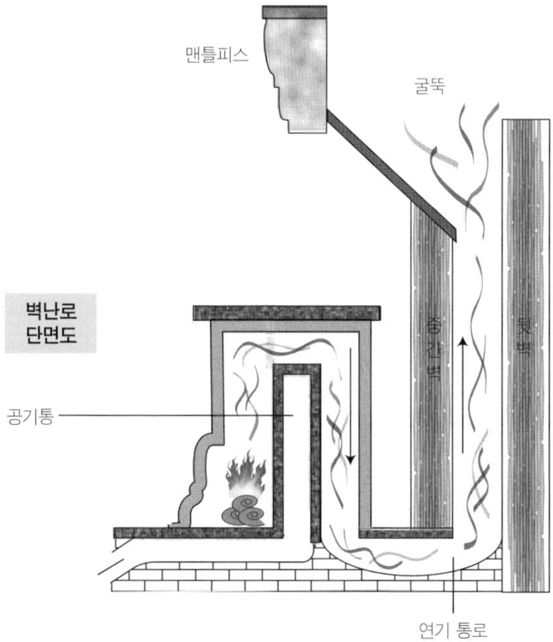

맨틀피스

굴뚝

벽난로
단면도

공기통

송간벽

뒷벽

연기 통로

일반적인 벽난로보다 더욱더 효과적으로 방을 따뜻하게 해줄 수 있는, 대류 가열을 사용한 펜실베이니아 벽난로.

록 한다. 타고 있는 나무로부터 챔버의 꼭대기 판까지 뜨겁고 연기가 많은 공기를 향하여 세워진 동일한 벽들은 마치 라디에이터처럼 작동하면서 챔버를 에워싸도록 했다. 벽에서 발생한 열은 신선한 공기로 전달되어 불 뒤에 있는 공기 챔버 속으로 올라고 새롭게 가열된 공기는 벽난로의 옆면에 있는 구멍을 통하여 공기 상자 속에 남아 있도록 함으로써 방으로 전해지게 했다. 이러는 동안, 연기가 많은 공기는 공기 챔버 뒤에 있는 벽 아래로 계속 내려가 굴뚝을 통해 배출되도록 했다. 결코 특허 출원을 하지 않은 프랭클린의 이 발명품은 200년 동안 미국 가정의 온기를 지켰다.

1743년 10월 프랭클린은 월식을 보고자 했으나, 필라델피아 지방에 폭풍이 발생하여 관측할 수 없었다. 보스턴 신문을 통해 프랭클린은 보스턴 사람들은 월식을 선명하게 관측했다는 사실을 알게 되었다. 그런데 그 다음 날 맹렬한 폭풍이 보스턴을 강타했다. 당시 사람들은 폭풍은 동일한 장소에서 발생하여 소멸한다고 믿고 있었지만 프랭클린은 필라델피아의 폭풍과 보스턴의 폭풍이 동일한 폭풍이 아닌지 의심하게 되었다. 그는 동부 해안의 모든 기상 일보를 조사하기 시작했고, 폭풍은 전형적으로 대서양 연안의 북동쪽으로 이동한다는 것을 알게 되었다. 현재 '노스이스터northeaster'라고 부르는 강한 북동풍을 발견한 것도 프랭클린이다. 또한 여러 방향으로 부는 바람들을 비교하여, 일정한 방향으로 움직이는 폭풍의 일반적인 방향을 언급했다. 이러한 사실에 입각하여 그는 이동하는 폭풍에 미치는 기압의 효과를 이론화시켰다.

목숨을 건 전기 실험

1740년대가 도래하자 프랭클린은 그의 집에서 전기 실험을 시작했다. 그는 관측 내용의 대부분을 보고서로 만들어, 런던에 있던 그의 친구인 피터 콜린슨에게 보냈다. 이러한 연구 결과들을 수집한 책이 1751년 《전기에 관한 실험과 관측》이란 제목으로 발간되었다. 그는 상반되는 **전하**를 나타내기 위해서 플러스(+)와 마이너스(−)뿐만 아니라 충전과 전지를 포함한 여러 용어들을 새로 만들어 사용했다. 그의 초기 발견 중 하나는 뾰족한 **전도체**가 무딘 전도체보다 더 먼 거리까지 전하를 끌어들일 수 있다는 것이었다. 그는 과학자들에게 전하는 사람이 만드는 것이 아니라 자연적으로 수집되는 것임을 알렸다. 또한 전하 보존의 법칙을 제안하기도 했는데, 이것은 어떠한 과정으로 만들어진 전하의 양은 바로 '0'이라는 것이다. 1753년 영국학술원은 전기 분야의 발전을 이룬 공적을 인정하여 코플리 메달을 수여했고 1756년에는 영국학술원 '펠로^{fellow}'로 선출했다.

프랭클린은 **라이덴 병**이 어떻게 작동하는지를 실험으로 보인 최초의 사람 중 한 명이었다. 라이덴 병은 안과 밖에 금속 박편을 입힌 유리병으로, 병 안에 물을 채워 코르크 마개로 병의 입구를 막은 것이다. 병의 바깥쪽에 금속 막대 또는 사슬을

> **전하** 전기에너지가 전자의 과잉 또는 부족에 기인하여 있는 상태.
>
> **전도체** 물 또는 금속과 같이 전류를 잘 수송하는 물체.
>
> **라이덴 병** 전하를 저장하는 데 사용되는 얇은 박으로 덮인 유리병으로, 물이 채워져 있다.

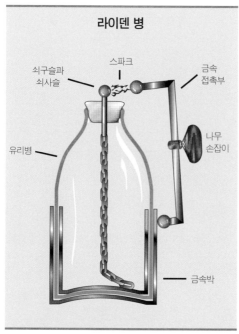

라이덴 병

쇠구슬과 쇠사슬 · 스파크 · 금속 접촉부

유리병

나무 손잡이

금속박

정전기를 수집하고 저장하는 데 사용되는 라이덴 병

접지   전도체가 지면과 연결되어 전기가 지면으로 흐르도록 하는 것.

확장시켜 코르크를 통하여 물이 내부로 들어가도록 했는데, 이러한 도구를 이용하여 전기를 수집했던 것이다. 병 바깥쪽에 입힌 박편을 땅에 **접지**시키고 안쪽과 바깥쪽 박편을 전도체를 통해 서로 연결하게 되면, 전기는 불꽃으로 방전되었다. 좀 더 흥미롭게 하기 위해서, 사람들에게 막대를 잡게 하여 사람 자체가 전도체로 작동하도록 해보았다. 이것이 어떻게 작동하는지 연구한 결과 그는 바깥과 안쪽 전도체가 정반대지만 동일하게 전하를 띤다는 것을 알아냈다. 그가 전하를 띤 라이덴 병에 있던 물을 다른 유리병으로 쏟아 부었을 때, 물속에는 전하가 남아 있지 않았다. 그런데 전화되지 않는 물로 빈 병을 채웠을 때는 여전히 불꽃이 발생했다. 이것은 충격을 만드는 것이 유리병 자체라는 것을 보여주는 것이었다. 유리병이 전하를 띠게 되었다는 것을 더 잘 보여주기 위해서 그는 유리병의 양쪽 면을 납 박편으로 덮었다. 그러고는 납을 충전시킨 후 동시에 박편을 제거했는데, 제거된 박편은 전하를 띠지 않았으나 유리병은 전하를 띠었다. 오늘날 우리는 이러한 도구를 **축전기** 또는 **콘덴서**라고 한다. 축전기는 창유리처럼 전기에너지를 저장하는 도구로서, 아주 가깝지만 결코 접촉하지 않도록 평행하게 전도 물질로 만들어진 두 개의 판으로 구성되어 있다. 축전기는 라디오와 텔레비전을 포함한 모든 종류의 전기 회로에 사용된다.

> **축전기** 전기에너지를 일시적으로 저장하는 데 사용되는 장치로서 콘덴서라고도 불린다.
>
> **콘덴서** 전기에너지를 일시적으로 저장하는 데 사용되는 장치로서 축전기라고도 불린다.

프랭클린은 번개와 전기 사이에는 유사성이 존재할 것이라고 믿었다. 둘은 모두 빛을 발생시키고, 굽은 경로로 전해지고, 맹렬한 소리를 만들었다. 번개가 전기 현상인지 아닌지를 실제로 조사하기 위해서, 그는 시골의 높은 교회 뾰족탑 끝에 긴 금속 막대를 세워 번개로부터 전하를 수집하려고 했다. 그러나 막대를 설치하고 있는 동안, 다른 사람이 그의 아이디어를 모방하여 먼저 번개로부터 전하를 수집했다.

1752년, 프랭클린은 번개가 전기 현상인지 아닌지를 조사하기 위한 다른 방법을 생각해내었다. 그는 두 개의 나무 막대를 겹쳐서 그 위에 비단 손수건을 편 다음 연을 만들고 막대의 한 끝에 뾰족한 철사를 부착했다. 그런 뒤 연줄 끝에 비단 리본과 금속 열쇠를 묶었다. 만약 전기가 하늘에 존재한다면, 습기를 띤 줄 아래로 정전하를

끌어들여 열쇠 속으로 보낼 수 있을 것이라고 생각했던 것이다. 그
는 피난처를 만들어 그 안에서 아들 윌리엄과 함께 연을 지켜보았
다. 줄을 따라 무명실의 너덜너덜한 작은 조각이 똑바로 서 있는 것
을 확인한 프랭클린은 열쇠에 주먹을 살짝 대어보았다. 열쇠로부터
그의 손 쪽으로 불꽃이 일어났다. 이와 같은 종류의 실험을 모사했
다가 사망한 사람들도 있다. 그들은 원활하게 전하를 지면으로 보내
지 못했기 때문에 번개를 맞았던 것이다.

번개는 매우 위험하다. 만약 어떤 사람이 번개를 맞게 된다면, 희
생자는 죽거나 심각한 화상으로 고통받을 수 있다. 만약 건물이 번
개를 맞게 된다면, 빌딩은 심각한 피해를 입거나 화재가 발생할 수
있다. 이를 보호하기 위해서, 프랭클린은 **피뢰침**을 발명했다. 피뢰침
은 하늘로부터 전하를 끌어들일 수 있고 집 자체로부터 전하를 안전
하게 지면으로 들어가게 하는 좋은 전도체이다.

사람들은 건물에 높은 금속 막대를 부착하기 시작했다. 높이가
1.8m에서부터 2.4m에 달하는 피뢰침은 건물을 보호하는 수단이
된 것이다. 피뢰침은 지면까지 금속선
을 확장시켜 땅에 묻으면, 구름으로부
터 나오는 전기를 끌어들여 **전류**를 다
른 곳으로 가게 하여 피해가 일어나지
않도록 한다.

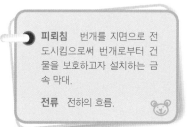

피뢰침 번개를 지면으로 전
도시킴으로써 번개로부터 건
물을 보호하고자 설치하는 금
속 막대.

전류 전하의 흐름.

회오리바람과 만류에 관한 연구

프랭클린은 날씨와 관련된 현상에도 관심을 가졌다. 그가 회오리 바람을 추적한 것은 너무나 유명한 이야기이다. 1755년 그는 회오리바람을 설명한 편지를 친구인 콜린슨에게 보냈다. 이 설명은 소형 토네이도를 최초로 설명한 것이다. 그는 한 토네이도를 추적해 쓰레기와 나뭇잎을 위로 들어 올리는 토네이도의 운동을 관측할 수 있었다. 그는 회전하는 운동은 매우 빠르게 일어나는 반면, 앞으로 진행하는 운동은 느리게 일어난다는 사실에 주목했다. 회오리바람은 일직선으로 움직이지 않았고, 속력은 변덕스러웠으며, 방향은 일반적인 바람 방향과는 정반대였다. 프랭클린은 토네이도가 이동하고 성장할 때 토네이도의 높이와 직경을 기록했다. 그는 또한 회오리바람을 채찍으로 치는 등 이것을 깨뜨리려고 노력했지만, 아무 효과도 없었다. 그는 회오리바람의 중심부는 진공으로 되어 있다는 것을 정확하게 추측해냈다.

여덟 번에 걸쳐 대서양 횡단을 하면서 프랭클린은 날씨의 유형, 온도, 대기와 해양 순환에 관해서 조심스럽게 기록을 남겨두었다. 18세기가 되면서 해상 여행은 매우 중요해졌다. 보스턴에서부터 뉴욕까지 여행한다면 육상보다 해상으로 가는 것이 더 빨랐기 때문이다. 귀중한 서적과 장비들을 비롯해 오직 해외에서만 구매할 수 있는 품목들도 많아 빠른 시간 안의 배송은 중요했다. 그러나 대서양 횡단은 6주에서 8주 정도 걸렸고 매우 위험했다. 프랭클린의 형 제임스 역시 그의 배가 바다에 침몰했을 때 사망했다.

프랭클린은 우정공사 총재로 근무했기 때문에, 뉴잉글랜드에서 잉글랜드로 보내지는 것보다 잉글랜드에서 뉴잉글랜드로 보내지는 소포가 도착하는 데 2주일이 더 걸린다는 불평을 알고 있었다. 그는 젊은 시절 대서양 횡단 여행 때 항해 중간에 해수 색깔이 엷어지고, 더 많은 해초들이 물 위에 떠다니며, 따뜻한 바람이 불어오면 육지가 가까워졌다는 신호라는 것을 기억해냈다. 그러나 며칠이 지나면 해수의 색깔은 다시 검게 변했고, 해초는 사라졌으며 바람은 한랭했다. 그는 바다를 잘 알고 있는 사촌 낸터커 선장과 이에 대해 의논했다. 그리고 최초로 **만류** 해류도를 만들었다.

> **만류** 멕시코 만에서부터 미국 동부 해안을 따라 올라간 다음 대서양을 횡단하여 잉글랜드까지 흐르는 난류를 말한다.

만류는 미국 동부 해안을 올라와 북대서양을 횡단하여 북서부 유럽까지 이동하는 주요 표층 해류이다. 만류는 그의 경로를 따라 날씨 유형에 영향을 미친다. 그의 항해는 1785년에 끝났지만, 프랭클린은 계속해서 자료를 수집하여 해류도를 정밀하게 다듬었다. 그는 해수면 아래 30m 수온을 측정하기 위한 특수한 측기를 개발하기도 했다. 만류는 해양 생물에 영향을 미치기 때문에, 상세한 해류도는 여행자뿐만 아니라 고래잡이와 어부에게도 유용했다. 만류는 오늘날에도 날씨 예보에 여전히 사용되고 있다.

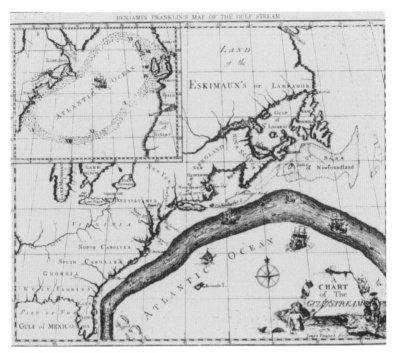
프랭클린이 최초로 만든 만류 해류도

세상에 남긴 위대한 업적

인생의 말년에 접어든 프랭클린은 새로운 나라인 미합중국을 세우는 데 필요한 여러 가지 일로 바쁜 나날을 보내게 된다. 아메리카가 영국 지배하에 남는 것이 더 낫다고 믿었던 프랭클린이지만 시간이 지남에 따라 조국의 독립을 위해 정열적으로 애쓰게 되었다. 그는 여러 번 잉글랜드를 여행했고, 영국 의회에 공식적인 대표자가 없는 식민지의 권리를 주장했으며, 잉글랜드와 평화조약을 맺는 데 큰 기여를 하기도 했다. 1764년부터 1775년까지 잉글랜드에 머물면서 미국 수출품에 부과되는 영국 관세에 대해 항의하는 동안, 1774년 그의 아내가 세상을 떠났다.

식민지를 대표한다는 것은 그 당시에는 격렬한 저항이었다. 프랭클린은 악역과 영웅의 역할을 번갈아 맡아 한 인물이었다. 결국 그는 1775년 만족할 만한 결과를 가지고 미국으로 귀환했다.

1785년 가을 필라델피아로 돌아온 지 일주일 만에 프랭클린은 '헌법제정회의Constitutional Convention'에 대의원으로 지명받게 된다. 대의원의 임무는 새로운 국가로 번영하게 하는 법률을 제정하기 위한 문서를 초안하는 것이었다. 고령의 프랭클린은 만성 질환에 시달리고 있었지만 그의 참석이 큰 영향력을 미쳤기 때문에 사람들은 몇 블록 아래로 그를 모셔와야만 했다. 그의 지혜와 유머는 13개 식민지를 하나의 나라로 통합하는 데 큰 도움이 되었다. 프랭클린은 미합중국을 형성하는 데 기초가 된 네 개의 문서에 모두 서명한 유일한 사람이었다. 네 개의 문서는 독립선언서, 프랑스와의 동맹조약, 잉글랜드와의 동맹조약, 미합중국 헌법을 말한다.

프랭클린의 생애 마지막 몇 년 동안, 그는 늑막염으로 고통받았고 결국에는 몸져눕게 되었다. 세상에 번개가 방전 현상임을 일깨워주었던 프랭클린은 1790년 4월 17일 84세의 나이로 조용히 눈을 감았다. 그는 부인인 데보라, 차남인 프랜시스와 함께 필라델피아에 안장되었다.

프랭클린은 과학자로서 국제적인 인정을 받은 최초의 미국인이었다. 전기의 성질을 규명하여 새로운 과학 분야로 성숙시켰고, 전기를 설명하는 용어들을 발명하여 사용했다. 독학으로 공부했지만, 일생 동안 여러 개의 명예박사 학위를 수여받은 존경받는 기상학자, 해양학자, 물리학자, 철학자, 문필가, 공무원, 정치가이기도 하다. 펜실베이니아 난로와 피뢰침 이외에도 이중 초점 렌즈, 아르모니카라 불리는 악기, 팬이 장착된 흔들의자, 집필 탁자가 부착된 의자 등을 발명했으며 '일광 절약 시간제^{daylight savings time}'를 고안해내기도 했다. 그럼에도 그는 결코 자신의 발명품에 대한 발명 특허를 출원하지 않았다. 그래서 오늘날 세상 사람들은 프랭클린의 창조력과 관대함이 담긴 많은 발명품의 혜택을 받고 있다.

그래서 무슨 일이 벌어지는 걸까?

전기는 물질 내에 전하가 존재할 때 발생하는 에너지의 형태이다. 물질을 구성하는 원자는 핵 속에 양으로 대전된 양자와 핵의 외곽 궤도를 돌고 있는 음으로 대전된 전자로 구성된다. 전도체는 느슨하게 결합되어 물질 내에 자유롭게 움직일 수 있는 전자를 갖는 금속과 같은 물체이다. 정반대의 전하는 서로 당기기 때문에, 만약 양으로 대전된 물체가 전도체를 유지한다면 음으로 대전된 전자는 양으로 대전된 사물 쪽으로 움직이게 될 것이다. 전자의 이러한 운동은 전류, 즉 전하의 흐름이 전도되지 않는 물체에 도달할 때까지 발생한다. 부전도체는 건조한 나무나 가죽 같은 물체로서 원자 핵 내에 전자가 매우 가깝게 자리 잡고 있다. 이런 이유로 부전도체는 좋은 절연체로 작용한다. 지구는 엄청난 양의 양전하와 음전하를 포함하고 있다. 이에 따라 만약 지구가 전도체가 되어 전자 흐름을 지면으로 이끌게 되면 전류가 접지되었다고 말한다. 정전기는 마찰에 의해서 발생된다. 문손잡이를 잡을 때 순간적으로 나타나는 것과 같다. 마찰은 전하를 분리하지만, 정전기는 정지 상태로 남게 된다. 전류 내에는 한 물체로부터 다른 물체로 전자의 흐름이 존재하지 않는다.

폭풍이 몰아치는 동안, 구름 내부의 매우 작은 얼음 입자들은 서로 부딪친다. 이런 과정에서 구름 내부에는 전하가 만들어진다. 구름 밑면은 보통 음으로 대전된다. 지구 표면은 키 큰 나무, 심지어 사람과 같은 지면에 위치하는 물체에는 양으로 대전된다. 만약 구름이 전도체의 역할을 충분히 할 만큼 된다면, 전하는 지면을 향하여 흘러 소멸하게 된다. 음으로 대전된 입자들이 구름들에서 좋은 전도체로 전달되면 빛의 섬광이 나타나게 되는데 이를 번개라 한다. 이런 작용에서 발생하는 열은 태양 표면보다 두 배 정도 더 뜨겁기 때문에 주변 공기를 갑자기 팽창시켜 천둥을 일으키게 된다. 빛은 소리보다 더 빨리 이동하므로 번개의 섬광은 천둥소리를 듣기 전에 볼 수 있다. 번개 섬광과 천둥소리 사이의 시간 차이를 알게 되면 관측자와 실제 번개가 일어나는 장소 사이의 거리를 추정할 수 있다.

절연체 열과 전기를 전달하지 못하도록 하는 물질.

정전기 전하의 분포가 시간적으로 변화하지 않을 때의 전기.

연 대 기

1706	1월 17일 미국 매사추세츠 주 보스턴 시에서 출생
1714	보스턴 라틴어 학교에 입학
1718	이복 형 제임스 밑에서 인쇄수습공으로 근무
1722	'조용한 사회개혁자'라는 필명으로 에세이를 씀
1723	필라델피아로 이주하여 인쇄공으로 근무
1724~26	런던에서 인쇄공으로 근무
1728	휴 메러디스와 합작으로 인쇄 사업 시작
1729	〈펜실베이니아 가제트〉지 인수
1732~58	《가난한 리처드의 책력》 출판
1736	필라델피아 유니언 소방조합 창설
1736~51	펜실베이니아 하원의 서기로 근무
1737	필라델피아 우체국장으로 지명됨
1742~44	펜실베이니아 대학교 설립. 펜실베이니아 벽난로 발명

1751	전기에 관한 연구 출판. 펜실베이니아 병원 설립. 펜실베이니아 하원 의원으로 선출됨
1752	아들 윌리엄과 함께 연 실험 수행 후 피뢰침 발명
1753~74	아메리카 우체국 체신장관 회계 검사관으로 근무
1757~62	펜실베이니아 하원을 대표하여 잉글랜드로 여행
1764~75	다시 런던을 여행
1771	《자서전》 집필 시작
1775	대륙회의에 대표자로 선출됨
1776	독립선언서에 서명함
1778	프랑스와 맺은 동맹조약에 서명함
1781~83	영국과 평화조약 맺음
1785	필라델피아로 돌아와 헌법제정회의의 대표자가 됨. 만류의 해류도 출판
1787	미합중국 헌법에 서명함
1790	4월 17일 84세의 나이로 필라델피아 자택에서 사망

> **66**
>
> 구름의 형성을 분류하는
> 체계를 제안한
> 루크 하워드
>
> **99**

Chapter 3

구름학의 시조이자 구름 작명가,

루크 하워드

Luke Howard
(1772~1864)

옛날부터 사람들은 하늘의 아름다움을 찬양해왔다. 어느 따스한 봄날 오후, 언덕 중턱에 펼쳐진 짙은 초원 위의 흰색 꽃들이 바람에 흔들리는 모습은 마치 푸른 하늘을 가로질러 다양한 모양으로 떠다니는 하얀 솜털 구름을 연상시킨다. 이 얼마나 평화스러운 모습인가! 산맥을 넘어가는 비행기의 창을 통해 보여지는 작은 구름의 조각들은 놀라운 광경이 아닌가! 여러 가지 상황을 구름의 모양에 빗대 말하는 것은 결코 놀랄 일이 아니다. 어떤 사람은 환상에 사는 상태를 "머리를 구름에 묻는다^{head in the clouds}"고 말하고, "행복의 절정^{cloud nine}"은 모든 것이 행복한 감정 상태를 나타낸다. 또한 '구름^{cloud}'이란 단어는 소극적인 또는 음울한 감정을 표출시킬 수 있다. 정확한 설명을 위해 정확한 단어를 선택하는 것은 매우 중요한 일이다. 구름의 여러 가지 모양에 이름을 부여한 영국인에게 우리는 감사할 수밖에 없다. 루크 하워드는 약제사였으나, 기상학자라고 해도 틀린 말이 아니다. 구름을 분류하고 이름을 붙이기 위해서, 그는 전체적으로 새로운 과학의 한 분야인 언어를 발명했다.

하늘 지켜보기

　루크 하워드는 1772년 11월 28일 잉글랜드 런던에서 아버지 로버트 하워드(1738~1812)와 그의 두 번째 부인인 엘리자베스 리덤 (1742~1816) 사이의 5남매 중 첫째로 태어났다. 로버트는 폐결핵으로 사망한 첫 번째 부인 사이에 세 아들을 두고 있었다. 그는 양철과 철 공장을 소유하고 있었기에 때때로 자식들은 아버지를 도와 일했다. 사업이 번성해 하워드는 잉글랜드 옥스퍼드 근교 버포드에 소재한 사립학교에 다닐 수 있었다. 그는 여덟 살 때 힐사이드 아카데미에 입학하여 7년간 공부했다. 엄격한 교장선생님 밑에서 라틴어를 비롯한 과목들을 공부하는 동안 하워드는 기숙사의 창밖으로 보이는 하늘에서 즐거움을 찾곤 했다.

　하워드가 열한 살이 되었을 때, 기상 이변으로 인해 이상한 광경이 하늘에 나타났다. 아이슬란드와 일본에서 일어난 무시무시한 화산 폭발 후, 두터운 안개가 북반구 상공을 덮었던 것이다. 안개(후에 'Great Fogg'라 불림-옮긴이)가 오랫동안 지속되는 바람에 불쾌하고 더운 기온이 사람들에게 질병을 가져다주었고, 벌레떼가 나타나기도 했다. 한편 이 해에는 밝게 빛나는 운석이 북유럽의 하늘을 가로질러 지나갔는데, 이 장관을 목격한 어린 하워드는 이 놀라운 장면을 오랫동안 간직하게 되었다.

과학에 대한 남다른 열정

1788년 하워드는 학교를 마친 후, 런던 북쪽에 있는 스탬포드 힐의 집으로 돌아왔다. 그는 집 정원에다 조그마한 날씨 관측소를 설치해 놓고 우량계, 온도계, 기압계를 사용해 하루에 두 번 날씨 관측을 기록하며 매우 만족스러운 생활을 보냈다. 하지만 몇 주일 후 그의 아버지는 체셔 주 스톡포터에 살고 있던 소매 약제사인 올리버 심스에게 도제 견습생으로 하워드를 보내버렸다. 심스는 로버트와 친구 사이였고, 또한 독실한 퀘이커 교도이기도 했다.

그로부터 6년간 하워드의 생활에서 자유 시간이란 생각도 할 수 없는 것이 되어버렸다. 하지만 그는 여유를 찾기 어려운 시기에도, 독학으로 식물학과 화학을 공부했다.

1794년 런던 집으로 돌아온 하워드는 런던 동쪽 비숍스게이트에 있던 도매 약제상에서 몇 달간 약제사로서 일했다. 하지만 약제사로 일하는 것이 행복하지 않았던 하워드는 아버지에게 약국을 차릴 수 있게 돈을 빌려달라고 간청했다. 결국 돈을 빌린 그는 템플 바 근처 플리트 가 29번지에 약국을 열고, 그 건물 위층 작은 방으로 이사했다. 일하는 것은 예전과 다를 바 없었지만, 주인으로서 시간을 마음대로 조절할 수 있었기에 일주일에 두 번 화학 강의에 참석할 수 있었다. 그는 과학을 좋아했지만 생활을 위해서 여러 가지 직업을 가지고 있던 처지가 비슷한 사람들과 친구로 사귈 수 있었다. 그들 대부분은 하워드와 마찬가지로 비국교도들이었다. 따라서 영국 교회에 소속되지 않았기 때문에 공립학교인 그래마 스쿨 또는 잉글랜드의 대학교에 입학할 수 없었다.

그들 중에는 상업 제약사에서 근무하며 경영권을 잡기 위해 그 당시 경영권자인 실바누스 베번(1691~1761)이 은퇴하기를 기다리고 있던 제약사 중역 윌리엄 앨런도 있었다. 이 회사는 '앨런앤드핸버리^{Allen&Hanbury}' 사로 개명되었다가 마지막으로 '글락소웰컴^{GlaxoWellcome}' 사에 인수되었다. 이 회사는 현재 '글락소스미스클라인^{Glaxo Smith Kline}' 사로 운영되고 있다.

에식스 주 플레이스토에 새로 건설되고 있던 연구소의 소장이 된 앨런은 하워드에게 연구소 책임자가 되어줄 것을 요청했다.

1796년 12월 하워드는 첫째 아이를 임신하고 있던 마리아벨라 엘리엇(1769~1852)과 결혼했다. 가족을 위해 더 나은 안정된 직업을 가져야 했기에 앨런의 제안을 받아들인 하워드는 신부와 함께 런던 외곽으로 이사했다. 그러고는 약제사로서 생활을 꾸려나갔지만 여유 시간에는 과학을 공부하는 데 몰두했다.

구름 분류법과 구름 명명법

1796년경, 앨런은 자연과학에 관한 공개 토론을 위해서 아스케 시언 학회를 설립했다. 하워드는 1800년 그의 최초의 논문인 〈보통 기압계〉를 이 학회에 제출했다. 1802년 초에는 또 다른 논문 〈비의 이론〉을 제출했다.

1802년 12월 하워드가 〈구름의 분류에 관하여〉라는 제목으로 한 강연은 그를 유명하게 만들었다.

그 당시 기상학은 과학으로서 확립되지 못하고 있었다. 하늘을 설명하기 위한 언어를 창조하려는 시도들이 이루어졌지만, **구름학**에 관심을 가지고 있던 자연철학자 등은 광범위하게 통용될 수

> **구름학** 구름을 연구하는 학문 분야.

있는 용어들을 공유하지 못했다. 이러한 이유 중의 하나는 끊임없이 변화하는 상황을 분류하는 시도 자체가 근본적으로 어렵게 느껴졌기 때문이었다. 더군다나 사람들은 구름들의 종류가 너무 다양하다고 생각했다. 보통 흰색 또는 다양한 회색으로 나타나는 구름 색깔 외에도 흐릿한, 양털 같은 또는 줄이 있는 등과 같은 모호한 단어들을 사용했고, 구름 모양을 성 또는 말의 꼬리와 같은 모습으로 비유했다. 하워드는 신중하게 모든 구름들을 나타내는 이름을 만들기 시작했다.

아스케시언 학회 강연에서 그가 제안한 체계는 매우 간단하여 너무 명백해 보였다. 그는 수많은 구름 모양이 존재하지만 뚜렷한 형

태는 몇 가지로 제한되며 구름의 모양과 형성은 예측할 수 있다고 설명했다. 구름 형성은 온도, 습도, 기압과 같은 물리적 성질에 의존하는 자연적이고 물리적인 과정이기 때문이다. 라틴어를 사용하여 생물 세계를 이항식 명명 체계로 구축한 스웨덴의 식물학자인 칼 폰 린네(1707~1778)의 영향을 받아, 하워드는 세 가지 기본 구름 형태가 존재한다고 선언했다. **권운, 적운, 층운**이다. 세 가지 기본 형태에서 네 개의 다른 형태가 분류되었다. 권적운, 권층운, 적층운, **적란운**이다. 그는 이러한 종류를 '변형 modification'이라 불렀다. 왜냐하면 구름은 끊임없이 모양을 변화하기 때문이다.

권운 높은 고도에서 밝게 빛나고 양털 모양을 하고 있으며 가늘고 머리카락 모양을 한 구름.

적운 수평 밑면과 꼭대기가 둥그런 모양을 한 희고 솜털 모양을 한 구름.

층운 편평하고 넓게 퍼졌으며 얇은 판 모양을 한 하층 구름.

적란운 회색 비구름.

오늘날 이러한 범주를 '분류 classification'라 부른다. 하워드는 또한 각각의 범주를 설명하기 위해서 그가 그린 수채화를 제시했다. 하워드가 분류한 일곱 개의 구름은 다음과 같다.

❶ 권운 : 가장 높은 곳에서 발생하는 가장 얇은 구름으로, 가늘고 연약하고 실 모양을 하고 있다.
❷ 적운 : 낮은 곳에서 가장 두텁게 형성되는 구름으로, 수평으로 되어 있는 밑부분부터 볼록하게 위쪽으로 발달한다.
❸ 층운 : 가장 낮은 곳에서 형성되는 구름으로, 수평 평판 모양으로 확장한다.

❹ 권적운 : 섬유 모양의 권운이 형성된 구름으로, 아래쪽 둥근 구름 덩어리 속으로 무너지는 모습을 가진다.

❺ 권층운 : 섬유 모양의 권운이 형성된 구름으로, 수평적으로 확장되는 모습을 가진다.

❻ 적층운 : 비의 시작에 앞서 적운으로부터 형성된 구름으로, 두텁고 버섯 모양을 하고 있다.

❼ 적란운 : 비가 내리는 구름을 말한다.

하워드의 〈구름의 분류에 관하여〉란 강연을 경청한 청중의 반응은 뜨거웠다. 그들은 즉각적으로 하워드의 발표가 중요하다는 것을 인식했고, 역사적인 과학 사건의 목격 순간임을 직감했다. 당시 청중 중에는《철학 잡지》의 창립자로서, 대중 과학자뿐만 아니라 신진 과학자들 가운데서 유명한 과학 저널에 실린 논문들을 광범위하게 읽고 있던 아스케시언 학회의 회원인 알렉산더 틸로치(1761~1825)도 있었다. 틸로치는 하워드에게 에세이를 투고해달라고 요청했다. 하워드는 **이슬** 형성과 강수 형성에 관한 논문을 첨가하여 1803년 4월 총 15,000자 분량의 에세이를 출판했다.

이슬 차가운 표면에 응결된 물.

하워드의 구름 분류 체계에 대한 지식은 빠르게 전 세계로 퍼져나갔다. 사실 프랑스의 박물학자인 장 바티스테 라마르크(1744~1829)가 하워드보다 앞서 구름 분류를 제안했지만, 사람들에게 크게 주목

권운은 가는 실 또는 작은 조각으로 발달하는 흰색의 상층 구름이다.

받지 못했었다.

　하워드는 계속하여 기상 현상들을 연구한 후 발표했다. 1806년 하워드는 〈아데나움: 문예와 잡다한 정보에 관한 잡지〉에 정규적으로 〈기상통신원〉을 발표하기 시작했다. 1817년 토텐엄에서 개최된 7회에 걸친 강연에서 그는 높이에 따른 일곱 개의 구름 분류를 재조직했다. 가장 높은 구름인 권운을 시작으로 권적운, 권층운, 적운, 적층운, 난운 그리고 최종적으로 층운이 분류되었다. 층운은 간단히 말해 연무 또는 안개이다. 그는 또한 구름 분류를 기록하기 위해서 속기하는 부호를 고안해냈는데, 즉 권운(\), 적운(∩), 층운(＿) 과 같이 표시했다. 이들 세 가지 기호를 조합하여 일곱 개의 구름 분류를 기록했다. 이러한 《기상학에 관한 7번의 강의록》은 편집되어 1837년 출판되었다. 이 책은 최초의 기상학 교과서로 간주되고 있다.

기상학에 관한 권위

하워드의 또 다른 업적은 최초의 **도시기상학** 교과서로 간주되는 《런던의 기후》를 썼다는 것이다. 1818년부터 1820년까지 출판된 이 책은 총 2권으로 되어 있으며, 런던 주변 여러 도시의 기후와 기상 현상을 연구해놓았다. 그는 최초로 도시 **열섬**의 개념을 설명했는데, 예를 들면 맑은 날 도시는 주변 지역보다 3~5° 정도 더 온도가 높을 수 있다는 것이다. 도시 내에 일어나는 이러한 원인 중 하나는 열을 흡수하는 포장도로와 같은 검은 표면의 증가이다. 그늘을 지게 하고 선선하게 하는 식생이 감소하게 되면 이러한 일이 발생한다. 또 다른 원인은 도시 내에 널리 사용되는 연료 때문이다. 도시 열섬은 냉방 수요를 증가시키고 대기오염이 심해지도록 만든다. 《런던의 기후》에서 하워드는 현재

도시기상학 도시 내와 주변 지역의 날씨와 기후를 연구하는 기상학의 한 분야.

열섬 도심 지역의 대기가 주변 지역보다 더 따뜻하고 더 건조한 경우를 말한다.

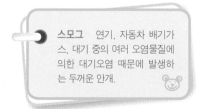

스모그라 부르는 독특한 도시 안개에 대해서도 설명했다. 스모그는 간단히 말하면 연기와 혼합된 오염 안개라 할 수 있다. 이 책은 인기에 힘입어 1833년에 내용을 더 담아 3권으로 2판을 출간했다.

　하워드가 구름과 다른 기상 현상들에 관해서 연구하는 동안, 다른 사람들은 하워드에 관한 글을 쓰고 있었다. 토머스 포스터(1797~1856)는 하워드의 논문을 수집하여 1813년 《대기 현상에 관한 연구》란 제목으로 발간했다. 포스터는 라틴어가 너무 어려워

일반 대중들이 이해하기는 곤란하다는 비난이 일어났을 때 처음에는 하워드의 구름 체계를 철저히 옹호한 사람이었다. 또한 포스터는 연속되는 큰 평판을 설명하는 'planus'와 구름들이 흐트러진 양털 모양으로 나누어져 있는 모습을 그린 'floccosus'와 같은 여러 설명적인 용어들을 제안했지만, 그의 새로운 용어들은 결코 주의를 끌지 못했다. 하지만 후에 포스터는 영어로 번역한 구름 분류 체계가 받아들여지도록 하워드의 분류 체계를 방해하고자 노력했다. 다행스럽게도 많은 사람들은 하워드가 제안한 분류 체계를 좋아했고, 비록 일부 사람들이 포스터의 번역을 사용하기도 했지만 광범위하게 통용되지는 않아 결국 사라지게 되었다.

하워드의 연구에 영향을 받은 분야는 과학뿐만이 아니었다. 배의 선장들은 하워드의 구름 분류 체계와 해상에서 이루어지는 날씨 관측에 기호법을 사용하기 시작했다. 영국 해군 제독인 프랜시스 보퍼트 경(1774~1857)은 하워드의 창조성과 독창성에 매우 감명받았고, 보퍼트 풍력계급이라는 바람을 분류하는 유사한 방법을 고안해 냈다. 항해자들이 이 풍력계급을 사용하면 전보다는 더 객관적으로 날씨 조건을 비교하여 항해할 수 있었다.

1807년 하워드와 앨런은 우호적인 동업자 관계를 청산했다. 하워드는 제약회사인 '루크하워드앤드컴퍼니오브스트래트퍼드Luke Howard and Company of Stratford' 사의 유일한 소유자가 되었지만 안타깝게도 그해는 18개월된 그의 딸이 백일해로 사망한 해이기도 했다.

영국 과학자로서 받을 수 있는 최상의 영예 중 하나가 1821년 하워드에게 수여되었다. 그는 기상학 분야에 끼친 그의 공적을 인정받아 런던 왕립학회의 펠로로 선출되었다.

1823년 틸로치는 런던 기상학회의 결성을 제안했고, 하워드는 창립 회원이 되었다. 그때까지 하워드와 긴밀한 관계를 유지하고 있던 포스터 또한 창립 회원에 들어 있었다. 하워드는 학회에서 그의 두 번째 강의인 〈열복사의 진기한 효과〉를 발표하는 등 왕성한 활동을 했으나, 유감스럽게도 1824년 여름, 학회가 깨어지게 되어 모임은 계속되지 못했다.

1824년 무렵, 하워드는 요크서 주 폰터프랙트 근교 애크워스 주택지에 저택을 구입하여 매우 바쁜 생활을 하고 있었다. 그는 다양한 지역 사회 프로그램에 참여했다. 지역 퀘이커 학교에서 자원봉사로 학생들을 가르치기도 했고 반 노예제도 운동에도 참여했으며, 나폴레옹과의 전쟁으로 피해를 입은 독일 농부를 돕는 모금 운동을 전개하기도 했다. 이런 활동으로 인하여 기상학에 몰두할 시간이 부족해졌다. 따라서 하워드는《런던의 기후》2판 출판을 제외하고는 20년 동안 어떠한 새로운 것도 발표하지 못했다. 게다가 그의 정열과 지도력에도 불구하고 새롭게 결성된 런던 기상학회마저 사라졌고, 그 후 12년간 새로 결성되지 못했기 때문에 어떠한 활동적인 역할을 가질 수 없었다. 그러던 중 1850년 영국 기상학회가 결성되었고, 1883년 영국 왕립기상학회로 발전되었다.

1852년 하워드의 아내인 마리아벨라는 56년간의 결혼 생활 끝에 사망했다. 하워드는 그의 장남인 로버트 하워드(1801~1871)와 함께 토텐엄으로 이사한 뒤 남은 12년의 생을 보냈다.

현대의 구름 분류

구름학의 분야를 탄생시킨 언어를 발명한 하워드는 1864년 3월 21일 91세의 일기로 사망했다. 루크 하워드는 그의 아내, 부모, 형제들이 잠든 윈치모어 힐 묘지에 안장되었다. 구름을 바라보면서 생각에 잠기던 이 조용한 사람은 특별한 과학자로서뿐만 아니라 문학과 예술적인 재능을 지닌 사람으로 존경받고 있다.

독일 철학자 겸 시인인 요한 볼프강 폰 괴테(1749~1832)는 하워

드의 에세이 〈구름의 분류에 관하여〉를 매우 좋아하여 그와 친밀한
관계를 유지했다. 괴테는 하워드의 구름 분류 체계를 찬양하는 시
4편을 썼고, '하워드를 위하여'란 제목을 붙이기도 했다. 또한 영국
의 시인인 새뮤얼 테일러 콜리지(1772~1834)와 퍼시 바이시 셸리
(1792~1822)도 하워드 찬양 시를 썼다. 하워드의 선명한 구름 설명
에 고무되어 잉글랜드 화가인 존 컨스터블(1776~1837)은 1820년부
터 1822년까지 200점 이상의 아름다운 유화를 그렸다. 하워드의 유
산은 이러한 문학과 예술 매체를 통하여 영원히 기억되고 있다.

1896년 그의 업적을 기리기 위해 국제 구름의 해가 제정되었다. 구름을 나타내는 언어가 영원히 남을 것이라 선언했고, 최초의 《국제구름도감》을 출판하기도 했다. 2002년 4월 7일 영국 기상대와 영국 헤리티지 재단은 하워드의 유명한 논문 발표 200주년을 기념하여 하워드가 말년을 보낸 토텐엄 집 벽에 "루크 하워드…… 구름의 명명자 여기 잠들다"라고 새긴 푸른 장식 판을 달아주었다.

놀랍게도 현재 구름 분류의 체계와 하워드의 본래 체계를 비교해보면 단지 약간 개선되었을 뿐, 그의 주장을 그대로 따르고 있다. 추가된 두 개의 기본 구름 모양은 **적운형**과 **층운형**이다. 그들은 하워드의 《기상학에 관한 7번의 강의록》에서 제안된 바와 같이 높이에 따라 조금 더 분류해놓았을 뿐이다.

> **적운형** 적운 모양을 하는 구름.
> **층운형** 층으로 정렬된 모습을 한 구름 모양.

6,000m 이상의 상층 구름은 권운(Ci), 권적운(Cu), 권층운(Cs)이다. 높이 2,000m에서 6,000m 사이의 중층 구름은 고적운(Ac)과 고층운(As)이다. 2,000m 미만의 하층 구름은 층적운(Sc), 층운(St), 난층운(Ns)이다. 또한 연직으로 발달하는 구름은 적운(Cu)과 적란운(Cb)이다. 적운은 하층 구름에 속하고 적란운은 발달 정도에 따라 세 개의 높이에서 발생할 수 있다. 아마추어 관측자도 하워드 자신이 개발해낸 독창적인 라틴어 용어로 하늘에 보이는 구름에 대해서 자신 있게 말하는 것을 보았다면 분명 기뻐했을 것이다.

층적운 위로 비행하는 비행기에서는 여러 층의 구름을 관측할 수 있다.

구름은 어떻게 형성되는가?

구름은 지면으로부터 높은 곳에서 수증기가 응결한 수억 개의 작은 물방울들이 모여서 형성된다. 구름은 일반적으로 영상의 기온에서는 액체 수의 작은 방울들을 포함하고 있으나, 영하의 기온에서는 얼음 알갱이를 포함한다. 그러나 때때로 구름 방울들이 −40°에 도달할 때까지 액체 형태로 유지되는 과냉각 상태로 존재하기도 한다. 지상 약 9.7km에 달하는 **대류권** 내에서, 높이에 따라 기온과 기압은 감소하게 된다. 지면에 있는 물은 증발하여 상승한다. 수증기를 포함한 습윤공기가 상승함에 따라 이 공기는 냉각된다. 습윤공기가 포화되어 수증기가 액체 또는 고체로 변하는 온도인 **이슬점** 또는 **서리점**에 각각 도달하게 되면, 수증기는 최종적으로 공기 속에 존재하는 먼지와 같은 입자상 물질에 응결하게 된다. 공기 속에 수분이 많아지면 많아질수록 응결하는 온도는 더 낮아지게 된다.

산꼭대기 상공에 나타나는 지형상승은 구름 형성의 한 방법이다.

루크 하워드 81

구름 모양은 구름이 형성되는 방법에 의해서 이루어진다. 수증기가 응결하는 높이가 높을수록 더 많은 종류의 구름이 형성된다. 공기가 상승하는 방법에는 여러 가지가 있다. 대류는 따뜻한 공기가 한랭한 공기보다 더 잘 상승하는 과정이다. 따뜻한 공기는 한랭한 공기보다 밀도가 적기 때문이다. 그래서 지면이 햇빛에 의해서 가열되면, 열은 공기 속으로 복사된다. 온난한 공기가 상승하는 또 다른 방법은 전선상승 또는 수렴에 의한 것이다. 이들은 온도가 다른 두 기단이 만나 발생한다. 온난하고 습윤한 공기가 한랭한 공기 위로 움직이게 되는 과정에서 구름이 형성된다. 마지막으로 **지형 상승**은 공기가 산맥과 같은 장해물을 만나게 되어 장애물의 경사면을 따라 강제적으로 위로 올라갈 때 나타난다.

대류권 　모든 생물체가 존재하는 대기권의 한 부분으로, 지표면에서부터 극지방은 12km, 적도지방은 20km까지 확장된다.

이슬점 　수분이 공급되면서 공기가 포화되어 수증기가 물방울로 변환되는 때의 온도.

서리점 　공기가 수분의 공급으로 포화되어 수증기가 바로 얼음 상태가 될 때의 온도.

지형 상승 　공기가 산맥과 같은 높은 지형을 만났을 때 발생하는 과정으로, 장애물의 경사를 따라 올라가도록 힘을 받는 것.

연 대 기

1772	11월 28일 잉글랜드 런던에서 출생
1780~88	퀘이커 그래마 스쿨인 힐사이드 아카데미에 입학
1788~94	소매 약제사의 도제 견습생으로 일함
1794	자신의 약제상 운영
1796	윌리엄 앨런이 아스케시언 학회 설립
1796~ 1807	윌리엄 앨런과 함께 일함
1802	유명한 논문인 〈구름의 분류에 관하여〉를 아스케시언 학회에서 강연
1803	〈구름의 분류에 관하여〉가 〈철학 잡지〉에 실림
1813	포스터가 《대기현상에 관한 연구》 출판
1817	루크 하워드는 토텐엄에서 기상학에 관한 일곱 번의 강연 개최. 요한 볼프강 폰 괴테가 루크 하워드를 기념하여 4편의 시를 씀
1818~20	《런던의 기후》 1판 출판
1833	《런던의 기후》 2판 출판
1837	최초의 기상학 교과서로 간주되는 《기상학에 대한 7번의 강의록》 출판
1864	3월 21일 91세의 나이로 런던에서 사망
1896	국제 구름의 해 제정

앗!!
들켰다

"
해상에서 풍력을 나타내는
독창적인 방법을 최초로
고안한 프랜시스 보퍼트
"

Chapter 4

바람 연구에 대한 식을 줄 모르는 열정,

프랜시스 보퍼트 경

바다의 흐름을 알면 날씨를 예상할 수 있어.

Sir Francis Beaufort
(1774~1857)

풍력계급을 확립하다

오늘날 과학 기술은 눈부시게 발전했지만 여전히 날씨를 조절하는 것은 결코 이룰 수 없는 일이라고 여겨지고 있다. 그럼에도 불구하고 지금도 기상학자들은 이를 위하여 노력하고 있다. 이러한 계획을 세우는 데 필요한 지식은 현재 날씨 상태이다. 그러나 '바람이 센^{windy}'과 같은 간단한 설명을 가지고는 충분한 정보를 제공하지 못한다.

'건들바람^{moderate breeze}'은 돛단배를 항해시키거나 연을 띄우는 데 최적의 조건을 제공한다. 더 강한 바람은 쓰레기통을 수거할 것인지 말 것인지를 결정하는 데도 영향을 미친다. 굉장히 강한 바람은 집을 쓰러뜨리고 차를 뒤집어놓을 만큼 강력하다. 이런 경우 사람들은 대피소를 찾아야만 한다.

날씨와 관련된 현상을 정확하게 설명하는 것은 해양기상학에서 특히 중요하다. 해양기상학이란 바다와 대기의 상호작용을 연구하는 분야로서 바다와 관련된 활동에 날씨 서비스를 제공한다. 생명의 안전, 값나가는 화물의 보호와 효과적인 수송, 군사 작전의 성공적인 수행은 날씨 조건에 의해 결정되는 것이다.

프랜시스 보퍼트 경은 영국의 위대한 수로학자 중의 한 사람이다. 또한 영국 해군을 위하여 물리적인 조건, 해안선, 해수의 흐름 등을 연구했다. 그는 수세기 동안 바다에서 활동하는 사람들을 괴

해양기상학 바다와 연관되어 나타나는 날씨 현상을 연구하는 기상학의 한 분야.

수로학자 수로학을 연구하는 과학자.

롭혀오던 애매한 표현 대신 풍력을 나타내는 확실한 방법을 고안해냈다.
이어 최초로 영국 해군이 보퍼트 풍력계급을 공식적으로 채택했고, 그 후
국제적으로 받아들여졌다.

바다에 꿈을 싣고…

프랜시스 보퍼트는 1774년 5월 27일 다니엘 오거스터스 보퍼트 (1739~1821)와 매리 윌러 보퍼트 사이의 7남매 중 막내아들로 태어났다. 프랜시스의 아버지인 다니엘은 아일랜드 미스 카운티 나븐 교구의 목사였다.

프랜시스는 지리학, 건축학, 풍경화 등 다양한 방면에 조예가 깊었다. 그는 성공한 지형학자로서 항성 관측으로 조사하는 그의 기술을 보고 사람들은 탄성을 지르기도 했다. 1792년 그는 최초로 정확한 전체 아일랜드 지도를 발간했다. 프랜시스의 어머니인 매리는 지성을 갖춘 사람으로 프랑스어와 이탈리아어를 영어만큼 유창하게 말했다. 프랜시스가 두 살 때, 그의 가족은 나븐에서 마운트래스로 이사한 뒤 다시 웨일스로 이사했고 그 후 잉글랜드로 이주했다.

프랜시스는 그래마 스쿨에 입학했으나 그의 억양이 탐탁지 못하다는 이유로 퇴학당했다. 1784년 무렵 프랜시스는 더블린에 있는 선장 데이비드 베이츠의 군사·해양학교에 입학하여 수학과 기본적인 선박 조종술을 배웠다. 이 시절 그의 노트를 보면, 그가 열네 살 때부터 천문 관측을 하고 있었음을 알 수 있다. 1788년 보퍼트의 아버지는 그를 더블린 트리니티 컬리지의 천문학과 교수인 헨리 어셔에게 보냈다. 프랜시스는 5개월 동안 던싱크 천문대에서 어셔 교수의 가르침을 받으며 공부했다. 그 당시 던싱크 천문대는 설립된 지 겨우 5년밖에 되지 않은 기관이었다. 1789년 프랜시스 가족들은 런던으로 이사했고, 프랜시스의 아버지는 유명한 아일랜드 지도를 출판할 수 있었다. 프랜시스는 애슬론 지방의 위도와 경도 눈금을 매기는, 새롭게 습득한 기술을 이용하여 아버지를 도왔다. 이 당시 젊은 프랜시스는 배를 타고 바다에 나가 생활하는 직업을 가지기를 열망했다.

다니엘 보퍼트는 프랜시스를 동인도 회사에 입사시켜 동인도와 중국 무역을 하면서 해양을 조사하는 '밴시타트^{Vansittart}' 호의 선원으로 일하도록 주선해주었다. 1789년 3월 20일 마침내 프랜시스 보퍼트는 선원 생활을 시작했다. 그는 처음에는 극심한 뱃멀미에 시달렸으나 안정을 찾은 후에는 선상 생활을 즐겼다. 식수 부족, 상스러운 선원들과의 관계, 극심한 폭풍에 고달프기도 했으나 해양 생활에 집중하며 항성 항법을 실습하던 프랜시스는 네덜란드 동인도 회사의 본사가 있던 바타비아의 해도에 그려진 위도를 수정하여 그리기도 했다. 앞서 해도에 그려진 위도는 실제보다 4.8km 벗어나 있었기 때문이다.

바타비아를 떠난 후, 선원들이 수심을 측정하는 동안 배가 모래톱과 충돌하는 바람에 배의 손상이 심각하여 할 수 없이 작은 섬에 상륙해야만 했다. 그들은 결국 배를 포기할 수밖에 없었다. 이 배에는 화물뿐만 아니라 금과 은이 가득 담긴 여러 개의 나무상자들이 있었다. 선원들은 같은 회사의 다른 배에 구조되어 중국으로 가게 되었다.

모든 소지품을 잃어버리고 탈장으로 고생하던 프랜시스는 1790년 5월 가족의 품으로 돌아왔다. 프랜시스가 해군에 입대하자 함장은 매우 기뻐하며 전함에서 복무하는 자리로 추천해주었다. 프리깃

함인 '라토나Latona' 호의 함장인 앨버말리 버티(1755~1824)는 프랜시스를 '젊은 사관'으로 임명했다. 그런데 일설에 의하면 프랜시스는 이 자리를 얻기 위해서 1787년 6월부터 1788년 5월까지 다른 함정에 승선하여 수습 사관으로 복무했다고 서류를 조작한 것으로 알려지고 있다. 해군 사관으로 입대하기 위해서는 18세 이상이어야 하는데 그 조건을 만족시키지 못해 3년간 미리 해상 근무를 했었다는 것이다. 서류 위조는 불법이었지만, 당시에는 보편적으로 이루어지는 일이었다.

전함을 지휘하고픈 열망

프랜시스 보퍼트는 전함에서 복무하게 된 것을 감격스러워 했다. 전함 생활이라는 게 개인적인 자유시간도 주어지지 않았고, 숙소는 열악하며, 음식은 구더기가 우글거리는 비스킷과 말라빠진 고기뿐이었는데도 프랜시스는 불평하지 않았다.

1791년 6월, 보퍼트는 '수습 사관midshipman'이 되어 로버트 스톱퍼드(1768~1847) 함장이 지휘하는 프리깃함인 '아퀴론Aquilon' 호에서 복무하게 된다. 수영을 하지 못했던 보퍼트는 복무한 지 둘째 날 바다에 빠져 구조되기도 했다. 이 사건은 바다에서 죽을 뻔한 두 번째 일로서 이때 그의 나이는 고작 17세였다. 6개월 후 그는 셔츠에 깃을 만들어 그의 옷에 달게 됨에 따라 '함장의 조수master's mate'로 놀림을 받는다.

스톱퍼드 함장이 프리깃함 '페이튼Phaeton' 호로 자리를 옮기자 보퍼트도 따라갔다. 해군 훈련의 일부분으로 보퍼트는 항해일지를 썼고, 시험의 일부분으로 그의 항해일지는 검사를 받았다. 그것은 책으로 만들어져 현재 영국 기상대 문서 보관소에 소중히 간직되어 있다.

스톱퍼드 함장이 성공적으로 임무를 완수했기 때문에, 보퍼트는 일정한 수입을 받을 수 있었다. 항법과 선박, 천문학, 수학, 성경, 종교 논문집, 셰익스피어 문학들을 즐겨 읽었던 그의 서재는 책들로 가득 차게 되었다. 정규 교육을 받지 못한 그는 자신의 부족함을 책을 읽음으로써 보충하려고 했던 것이다.

그 후 스톱퍼드 함장은 진급하여 다른 부대로 가게 되었고, 1796년 보퍼트는 시험에 통과하여 해군 대위로 진급했다. '페이튼' 호의 새로운 함장은 제임스 니콜 모리스(1763~1830)였다. 1800년 10월 스페인 전함인 '산 요제프San Josef' 호를 공격하던 도중 보퍼트는 열아홉 군데나 부상을 입게 되었다. 칼로 세 군데를 베였고 왼쪽 팔과 옆구리 열여섯 곳에 총탄 파편이 박히는 큰 부상이었다. 다시 한번 죽을 고비를 맞았고 왼쪽 팔을 완전히 사용하는 데만 3년이란 세월이 흘렀지만 그는 회복했다.

이러한 부상으로 인하여 보퍼트는 그해 11월 슬로프형 포함 '페릿Ferret' 호의 함장으로 진급했다. 하지만 이는 서류상으로만 이루어졌다. 그는 1801년 중반 잉글랜드로 귀환했고 연금 수혜자로 선정되어 월급의 반을 지불받았다. 전함을 지휘하는 것이 꿈이었던 그는 대단히 실망했지만 먼저 상처부터 치료해야만 했다.

표준 날씨 통보의 필요성

보퍼트는 기상학을 포함한 모든 과학 분야에 관심을 가지고 있었다. 그는 일생 동안 바람, 온도, 기압을 비롯한 날씨 일지를 매일 매일 기록했다. 왕이 소유한 수천 척의 모든 선박들은 선박이 위치하고 있는 장소에서 매 시간 바람과 날씨 상태를 기록한 항해일지를 비치하고 있었다. 항해일지는 해군 본부에 보관되었다. 수습 사관 시절, 보퍼트에게 부여된 임무는 매 12~24시간 사이에 날씨를 기록하는 것이었다. 그러나 그는 매 2시간마다 기록했고 모든 해군 함정들이 작성한 항해일지가 나중에 값어치 있는 자료로 활용될 것이라고 믿어 의심치 않았다.

날씨는 선상 생활에서 중요한 변수가 되었다. 해류에 영향을 미치는 바람은 배의 방향과 속력에 영향을 미쳤다. 폭풍은 뱃사람에게는 위험한 존재였고 매년 많은 사람들이 폭풍에 의해 생명을 잃었다. 날씨 예보는 이러한 상황에 대비하기 위해 꼭 필요한 것이었다. 역사적으로 위험한 폭풍이 나타나기 전의 날씨 조건을 조사해보면, 앞으로 닥칠 폭풍의 가능성을 예측하는 데 도움이 되었다. 정확한 날씨 통보를 하기 위해서는 날씨 조건을 설명하는 명료하고 명확한 체계가 필요하게 되었다. 그러나 항해일지에는 '신선한fresh' 또는 '온화한moderate'과 같은 주관적이고 애매한 표현이 사용되고 있었다.

정확한 날씨 통보의 중요성을 보여주는 허리케인 속 선박.

한 선원은 '강풍^{gale}'으로 인식했으나, 다른 선원은 사나운 '비바람 ^{tempest}'으로 생각하기도 했다.

물론 보퍼트에 앞서 여러 사람들이 바람을 분류하는 시도들을 했 었다. 열두 개에서 열다섯 개의 등급으로 분류된 풍력계급들이 제안 되었는데, 각 계급은 '고요^{calm}', '산들바람^{gentle breeze}', '된바람^{brisk gale}' 또는 '왕바람^{storm}'과 같은 용어들로 되어 있었다.

1759년 등대 기술자인 존 스미턴(1724~1792)은 풍차 날개가 얼 마나 빠르게 돌아가는가에 기초하여 풍속을 정의하는 계급을 제안 했다. 풍차와 같은 일상의 물건을 기상 측기로 사용한 것은 기발한 생각이었다. 영국 해군의 수로학자인 알렉산더 달림플(1737~1808)은 스미턴의 계급을 가치 있는 것으로 생각했다. 보퍼트가 보다 더 정확한 날씨 통보 방법을 구축하기 위해 노력하고 있음을 알게 된 달림플은 해상에서 사용할 수 있는 풍력계급을 만들도록 격려했다.

좀 더, 조금 더 정확하게…

보퍼트는 1805년 6월 원대 복귀 명령을 받았고 군수 물자 수송선인 '울리치Woolwich' 호의 함장이 되었다. 이 배에서 복무하는 동안, 보퍼트는 그의 이름을 붙인 풍력계급을 고안하여 명성을 얻게 된다. 포츠머스에서 출동 명령을 기다리고 있던 1806년 1월 13일부터 보퍼트는 일기장에 바람과 날씨의 상태를 간결하고 정확하게 통보하는 방법을 적어놓았다. 기록되어 있는 모든 날씨 정보를 최대한 유용하게 사용하기 위해서, 이들은 일관성을 유지해야만 했다. 그의 일기장에 최초의 보퍼트 풍력계급 초안이 들어 있었다. 원래 보퍼트 풍력계급은 0에서부터 13까지 14등급으로 풍력을 설명하고 있었다〈표 1〉. 또한 강수와 구름 상태를 나타내는 영문자로 된 기호들이 수록되어 있었다. 예를 들면, cl은 '흐림cloudy', 그리고 t는 '천둥thunder'을 뜻한다.

바람과 날씨 상태를 숫자와 영문자 약자를 사용하여 표현했기 때문에, 항해일지의 공간을 많이 절약할 수 있게 되었다. 하지만 이와 같은 새로운 방법도 여전히 모호함을 해결하지 못했다. 그 다음 해

보퍼트 풍력계급 초안

계급	상태
0	고요
1	옅은 바람
2	실바람
3	남실바람
4	산들바람
5	건들바람
6	흔들바람
7	규칙적인 산들바람
8	센바람
9	강한 센바람
10	큰바람
11	큰센바람
12	돌풍을 동반한 큰센바람
13	노대바람

〈표 1〉 1806년 1월 13일부터 일기장에 적어놓은 최초의 보퍼트 풍력계급 초안

보퍼트는 프리깃함이 전체 돛을 펼치고 항해할 때 범포에 미치는 바람의 효과를 가지고 바람을 설명하게 된다. 간략하게 수정된 풍력계급을 사용하게 되면, 아마추어 관측자들까지도 풍력을 객관적이고 일관성 있게 설명할 수 있었다. 또한 보퍼트는 날씨 상태의 강도가 증가하는 경우 약자 아래에 점을 찍어 이를 표시했다. 그 이후로도 오랜 세월 동안 보퍼트는 바람과 날씨를 통보하는 방법을 계속해서 연구하여 개선해놓았다.

보퍼트 풍력계급

보퍼트는 여러 해 동안 '프레드릭스티인Fredrikssteen' 호를 포함한 여러 수송선에서 복무했다. 1811년부터 1812년까지 '프레드릭스티인' 호 함장 시절에는 터키 해안을 조사했고, 지중해 동부지방을

항해하는 도중에는 터키 사람들과 전투를 벌여 엉덩이에 부상을 입기도 했다. 이 부상으로 인하여 보퍼트는 해상 근무를 그만두게 되었지만, 그 뒤 40여 년 동안 영국 해군에 남아 있었다.

1829년 보퍼트는 해군 수로 측량가로 임명되었다. 그의 임무는 해안을 조사하고, 수심을 측정하고, 성질이 다른 여러 수괴들의 경계를 정확하게 나타내는 해도를 작성하는 것이었다. 보퍼트는 자신의 풍력계급을 사용한 조사선의 함장들이 해군 본부에 요청하여 공식적으로 자신의 풍력계급이 채택될 수 있도록 노력하기 시작했다. 기록에 의하면, '비글^{HMS Beagle}' 호의 함장인 로버트 피츠로이(1805~1865)가 처음으로 **보퍼트 풍력계급**을 사용한 것으로 알려져 있다. 피츠로이는 1831년부터 1836년까지 영국의 젊은 박물학자인 찰스 다윈(1809~1882)과 함께한 역사적인 남미 탐험 동안 보퍼트 풍력계급을 사용하여 항해일지를 썼다.

> **보퍼트 풍력계급** 배의 돛, 물 표면, 나무 등과 같은 무생물에 가해지는 바람의 효과를 추정하는 시스템.

후에 피츠로이는 영국 기상대의 초대 대장이 되었다. 1838년에 이르러, 해군 본부는 모든 해군 함정에서 보퍼트 풍력계급을 사용하도록 명령했다. 보퍼트 풍력계급은 항해일지에 일관성을 나타내도록 했는데, 따라서 이러한 기록들은 전함 함장들이 공격 상황에서 적절하게 작전을 수행했는지를 판단하는 법정 증거로 사용되기도 했다.

세월이 흘러감에 따라 풍력계급은 더욱더 개선되었다. 예를 들면,

수정된 보퍼트 풍력계급

세기	유엔세계기상 기구 분류	바람의 효과		풍력 (단위: 노트)
		해상	육상	
0	고요	수면이 잔잔함.	연기가 똑바로 올라감.	1미만
1	실바람	잔물결. 거품은 일지 않음.	잔잔한 연기로 풍향을 구분할 수 있음.	1~3
2	남실바람	잔 파도. 거품은 일지 않음.	얼굴에 바람이 느껴지고, 나뭇잎이 흔들리며, 바람개비가 움직임.	4~6
3	산들바람	흰 파도가 드문드문 나타나는 약간 큰 물결.	나뭇잎과 잔가지 흔들림.	7~10
4	건들바람	잔 파도가 더 길어지고 흰 파도가 자주 나타남.	먼지, 나뭇잎, 종이가 날림. 잔가지가 흔들림.	11~16
5	흔들바람	흰 파도와 물보라가 이는 보다 큰 파도.	작은 나무가 흔들리기 시작함.	17~21
6	된바람	흰 파도가 전역에 나타남. 물보라가 더 많아짐.	큰 나무의 가지들이 흔들림.	22~27
7	센바람	파도가 부서지면서 흰 거품이 줄무늬를 이룸.	나무가 통째로 움직임. 걷기가 곤란함.	28~33
8	큰바람	크고 높은 파도. 파도가 부서지면서 물보라가 일며 거품이 넓게 나타남.	나무가 통째로 움직임. 걷기가 곤란함.	34~40
9	큰센바람	높은 파도와 흰 거품이 넘실댐.	건축물에 다소 피해가 있음. (지붕 널빤지가 날아가는 등).	41~47
10	노대바람(폭풍)	매우 높은 파도. 바다가 흰 파도로 덮임.	건축물에 상당한 피해가 있으며 나무가 쓰러짐(드문 현상).	48~55
11	왕바람(폭풍)	극심하게 높은 파도. 중소형 선박은 파도에 가려 보이지 않음.		56~63
12	싹쓸바람(태풍)	물보라가 몰아치고 흰 파도가 바다를 완전히 뒤덮음. 시야가 흐리고 물보라가 대기를 가득 채움.		64~71
13	싹쓸바람(태풍)			72~80
14	싹쓸바람(태풍)			81~89
15	싹쓸바람(태풍)			90~99
16	싹쓸바람(태풍)			100~109
17	싹쓸바람(태풍)			110~118

〈표 2〉 여러 번 수정된 보퍼트 풍력계급은 해상뿐만 아니라 육상에서도 바람의 효과를 설명해준다.

이중 톱세일이 도입되면서 풍력계급은 조
정이 이루어졌다. 풍속을 측정하는 기계인

풍속계가 더욱더 정교하게 제작되었기 때문에, 풍속이 풍력계급에
추가되었다.

1900년대 중반 동안, 국제기상위원회는 풍력계급을 더욱더 다듬
어 육상에서의 바람 효과를 나타내는 설명문을 추가해놓았다. 풍속
은 지상 3m에서 측정되었다.

해양기상학 분야에서 거둔 업적

보퍼트의 노력으로 인하여 수로조사대는 1,500장의 새로운 해
군 본부 해도를 만들 수 있었다. 1846년 보퍼트는 '해군 제독^{rear}
^{admiral}'으로 승진했다. 그는 68년간 해군에 복무한 후 1855년 퇴역
했고, 2년 뒤인 1857년 사망했다.

풍력계급의 개발은 높은 지적 노력을 필요로 하는 것은 아니었고,
이것이 보퍼트의 가장 중요한 업적 또한 아니었다. 보퍼트 풍력계급
의 우수성은 간략함에 있었다. 보퍼트 풍력계급은 해양기상학 분야
에 중대한 영향을 미쳤고 널리 사용되었다. 일관성은 의미 없던 것
에 의미를 제공하는 큰 역할을 했던 것이다.

보퍼트는 일생 동안 많은 영예를 안았다. 1848년 수로 측량의 공
헌을 인정받아 기사작위를 수여받았으며, 옥스퍼드 대학에서 명예
박사학위를 받았다. 또한 영국학술원과 천문학회의 펠로로 선출되

었으며 아일랜드 왕립 아카데미의 정회원, 프랑스연구소와 미국 해군 라이시엄의 통신회원으로 일하기도 했다. 오늘날까지도 알래스카 북쪽 바다를 '보퍼트 해'라고 부르고 있는 것은 그의 업적을 기리기 위해서이다.

20세기에도 보퍼트 풍력계급과 비슷한 계급들을 개발했는데, 이는 허리케인과 토네이도 세기를 나타내기 위함이었다. 사퍼-심프슨 허리케인 계급은 보퍼트 풍력계급을 5등급 확장한 것이다〈표 2〉. 이 계급은 1969년 미국 공학자인 허버트 사퍼와 그 당시 국립 허리케인센터 책임자였던 로버트 심프슨에 의해서 도입되었다. 사퍼-심프슨 허리케인 계급은 풍속, 연안 파괴 가능성, 중심 기압, 폭풍 해일의 높이 등을 포함하고 있다. 후지다 토네이도 세기 계급은 6등급으로 이루어져 있으며, 이 계급은 피해 정도와 풍속에 기초하여 토네이도를 분류하는 데 사용된다. 이 계급은 일본 태생의 미국 기상학자인 데쓰야 테어도르 후지다(1920~1998)와 그의 부인인 수미코에 의해서 1970년대에 도입되었다.

무엇이 공기와 물을 이동시키는가?

바람은 간단히 공기가 움직이는 것이라고 말할 수 있다. 바람은 전 세계 기압 평형을 이루기 위한 대기권의 기본적인 시도이다. 기단은 동일한 온도, 기압, 습도를 갖는 균일한 공기 덩어리이다. 기단은 수백 제곱킬로미터의 넓은 지역에 걸쳐 분포한다. 지구상의 어떤 지역

> **기단** 온도와 습도 같은 물리적 성질이 동일한, 거대한 공기 덩어리.

은 다른 곳에 비해 더 많은 햇빛을 지면이 흡수하는데, 예를 들면 햇빛이 비치는 시간 동안 땅은 물보다 빠르게 열을 흡수한다. 밤에는 정반대로, 다시 말해 물보다 땅이 더 빠르게 냉각한다. 온난한 공기는 한랭한 공기보다 덜 조밀하기 때문에, 온난한 공기 내의 분자들은 매우 자유롭게 움직일 수 있다. 온난한 공기가 상승하게 되면 온난한 공기 주변에 기압이 낮은 기단들이 형성되고, 한랭한 공기가 하강하게 되면 이 지역 주변에는 더 높은 기압이 형성된다. 기압이 다른 두 기단이 만나게 되면, 기압이 높은 기단 아래에 있는 공기 분자는 기압 차이를 없애기 위해 기압이 낮은 기단으로 움직이게 된다. 두 기단 사이의 기압 차이가 크면 클수록 공기를 움직이는 힘이 더 커지거나 바람이 발생하게 되는 것이다.

해양을 항해하는 배를 소유한 선장이라면 바람의 형성과 이동을 반드시 이해하고 있어야 한다. 왜냐하면 바람은 해류에 영향을 미치므로 이에 따라 선박의 방향과 속력에 영향을 줄 수 있기 때문이다. 해류는 어떤 경로를 따라 물이 일정하게 흐르는 것을 말한다. 해류는 표층 해류와 심층 해류의 두 가지 유형으로 구분된다. 표층 해류는 해수면에 부는 바람에 의해서 만들어지며, 대륙은 표층 해류의 경로를 바꿀 수 있기 때문에 원형의 경로가 발생하게 된다. 심층 해류는 해수의 밀도 변동에 의해서 조절되는데, 밀도는 온도와 해수 속에 녹아 있는 소금의 수준인 염분에 의해서 영향을 받는다. 또한 바람의 순환은 심층 해류를 움직이는 데 중요한 역할을 한다.

모리와 보퍼트 풍력계급

매슈 폰테인 모리는 미국 기상학자 겸 해양학자로서 1806년 1월 14일에 태어났다. 1806년은 프랜시스 보퍼트가 풍력계급 초안을 만든 해이기도 하다. 미국 해군 장교였던 모리의 임무는 전 세계 해양을 탐험하는 일이었다. 그는 1842년 승합마차 사고로 부상을 당한 후 다시는 해상 임무를 수행할 수 없었다. 그는 해도와 측기 병참부의 관리관으로 임명되었고, 후에 미국 해군 천문대의 감독관이 되었다. 그의 임무는 해상 바람, 날씨 유형, 해류를 연구하는 것을 포함하고 있었다. 다행스럽게도 그 당시 보퍼트 풍력계급이 널리 사용되었기 때문에, 새롭게 작성된 항해일지는 일관성을 유지하게 되어 그의 연구에 매우 유용하게 사용되었다.

정보를 얻기 위해서 그는 전 세계를 항해하는 해군 함장과 상선 선장에게 바람과 날씨 상태를 기록한 항해일지를 보내달라고 간청했다. 처음에는 매우 적은 양의 자료가 모아졌다. 모리는 이들 자료를 사용하여 해상 바람과 해류도를 작성했다. 이들로부터 그는 해류와 바람을 고려한 최적의 항로를 사용하도록 추천했다. 모리의 해류도를 사용하게 되면, 해양 횡단 항해 시간이 뚜렷이 감소한다는 이야기가 퍼져감에 따라 많은 선장들이 항해일지를 모리에게 보내기 시작했다. 하나의 예로서, 잉글랜드에서 오스트레일리아 시드니로 항해하는 시간이 250일에서 130일로 단축되기도 했다.

한편, 1850년 컨설턴트로 근무하고 있던 동안에는 최초의 해양 횡단 전신 케이블을 매설하는 장소를 추천하기 위해서 해양 수심도를 작성했다. 이 연구 프로젝트를 수행하면서 모리는 대서양의 중심부가 연안 근처보다 더 좁다는 것을 관측해냈다. 이 관측은 대서양 중앙해령의 발견에 도움을 주었다.

모리는 1853년 브뤼셀에서 개최된 기상학과 해양학에 대한 학술대회를 조직한 사람 중의 한 명이었다. 이 학술대회에서 논의된 것은 보퍼트 풍력계급을 국제적으로 채택하는 것이었다. 1855년 모리는 《바다의 자연지리학》을 출판했는데, 이 책은 성공한 교과서로 널리 읽혔다. 또한 이 책은 최초의 해양학 교과서로 간주되는 것으로, 최초의 바람과 해류의 체계적인 연구, 대서양 해수면의 표층 온도 관측, 해양저의 수심 측량도, 기타 가치 있는 정보들을 담고 있다.

모리는 남북전쟁 동안 남부 연방에 합류하기 위해 해군을 떠났으며, 전쟁이 끝난 뒤 버지니아 군사연구소의 기상학 교수가 되었다. 그는 1873년 2월 1일 세상을 떠났다.

연 대 기

1774	5월 27일 아일랜드 미스 카운티 나븐에서 출생
1789	네덜란드 동인도 회사에 입사
1790	영국 해군에 입대
1796	해군 대위로 진급
1800	스페인 전함 '산 요제프' 호를 성공적으로 공격했으나, 열아홉 군데의 부상을 당하여 이로 인해 장애 연금을 받고 함장으로 진급
1805	함장으로는 처음으로 '울리치' 호 지휘
1806	풍력계급의 초안을 일기장에 적기 시작
1811~12	'프레드릭스티인' 호를 타고 수로 측량과 해적선을 순찰하기 위해서 터키 연안 항해. 터키 해적과의 교전에서 엉덩이에 부상을 입어 해상 임무는 수행할 수 없게 됨
1817	터키 인과의 전투를 다룬 《카라마니아Karamania》 출판
1829	해군 본부 수로학자로 임명됨

1831~36	'비글' 호의 함장인 로버트 피츠로이가 최초로 항해일 지에 보퍼트 풍력계급 사용
1838	영국 해군 본부는 보퍼트 풍력계급을 공식적으로 항해 일지에 사용하도록 함
1846	해군 제독으로 승진
1848	수로학자로서의 그의 공헌을 인정받아 기사작위를 수 여받음
1855	해군 퇴역
1857	12월 17일에 사망
1874	국제기상위원회가 보퍼트 풍력계급을 표준으로 받아 들임

> "
> 빙하시대의
> 존재를 밝힌
> 루이 아가시
> "

Chapter 5

"빙하시대는 있었다!",

루이 아가시

Louis Agassiz
(1807~1873)

빙하시대의 존재를 처음으로 증명하다

날씨와 기후의 차이는 무엇인가? 아마 대부분의 사람들은 이것을 정확하게 구별하지 못할 것이다. 날씨는 온도, 바람, 습도와 같은 요소들을 가지고 짧은 기간 동안의 대기 상태를 나타내는 것으로 임의의 장소에서 날마다, 계절마다 변동한다. 기후는 장기간 동안 임의의 장소의 평균 날씨 상태를 말한다. 19세기 유럽의 기후는 오늘날의 기후와 비슷했다. 19세기 전 스위스는 사람이 살기에는 너무 힘든 곳으로 짐작되어지고 있다. 왜냐하면 한때 유럽 대륙은 1.6km 두께의 빙상이 덮고 있었기 때문이다. 이와 같은 사실은 오늘날 수천 년 전부터 이루어진 전 세계 기후 순환 때문이었다고 알려지고 있다. 세계 기후가 항상 일정하지 않았다는 것을 예를 들어 설명한 사람은 스위스의 박물학자인 루이 아가시였다. 그는 어류학자로서 명성을 얻은 사람이지만, 빙하시대가 존재했다는 것을 최초로 증명해냄으로써 과학사에 한 페이지를 장식했다. 그는 그 당시 과학자들에게 지질학적 증거를 사용하여 한때 북반구의 많은 지역이 얼음으로 덮여 있었다는 것을 확인시켜 주었다.

동물학자로 출발

장 루이 로돌프 아가시는 1807년 5월 28일 스위스 모라 호수 기슭인 모티에에서 아버지인 로돌프 아가시와 어머니 로즈 메이어 아가시 사이에서 태어났다. 그의 아버지는 아가시 집안의 5대째 자손으로 신교 목사였다.

어린 시절 루이는 야외를 뛰어다니면서 맨손으로 고기를 잡고, 알프스 산맥의 자연을 만끽하며 즐거운 시간을 보냈다. 그는 새장을 만들어 새를 키웠고, 토끼와 뱀 같은 동물들을 길렀다. 어른이 되어서 그는 과학에 몰두했지만, 어린 시절과 같이 그의 열정은 어긋나는 경우가 많았다. 그는 자신의 팔에 황산으로 사촌 이름을 문신하거나 학교에서 스위스 클럽을 모욕한 독일 클럽 전체에게 결투를 신청하기도 했는데, 뛰어난 검술 실력을 가져 단번에 4명을 때려 눕혔다고 한다.

학교 공부에 열심이었던 루이는 특히 언어와 지리학을 잘했다. 어류에 관심이 많았던 그는 집 밖에 널려 있는 화강암으로 수족관을 꾸미기도 했다. 또한 물고기들을 해부하고 새로운 종에는 이름을 붙이기도 했다.

17세 때 루이는 취리히에 있는 의학교에 입학했지만, 의학보다는 동물학에 더 많은 관심을 가지고 있었다. 취리히에서 2년을 보낸 후, 그는 하이델베르크 대학교에 등록했지만 1827년 친구 알렉산더 브라운(1805~1877)과 함께 뮌헨 대학교로 옮기게 된다. 뮌헨 대학교의 우수한 교수진과 뮌헨의 박물관에 매력을 느꼈기 때문인데, 이때부터 동물학자로서의 꿈을 키우게 되었다.

뮌헨 대학교의 한 교수가 루이에게 브라질 산 어류의 수집품을 설명하고 분류하는 연구를 도와달라고 요청했다. 이것은 큰 영광으로 그 당시 박물학자들이 살아 있는 생명체를 가지고 연구를 한다는 것은 매우 드문 일이었다. 루이는 이 일을 하면서 의학 공부도 계속했다. 일정한 수입이 없었던 루이였지만, 삽화를 금속판 위에 새기기 위해서는 조각가를 고용해야만 했다. 훗날 이러한 연구 결과를 종합하여《브라질 어류》란 책을 출판해 '척추동물에 대한 고생물학의 창시자'로 알려진 프랑스 해부학자 조르주 퀴비에(1769~1832)에게 바쳤다.

당시 의학 분야의 학위와 철학 박사학위를 동시에 취득하기로 결정했던 루이 아가시는 이미 구두시험 일정이 마감된 뮌헨 대신 에를랑겐 대학교에서 구두시험을 보았고, 1829년 뮌헨 대학교와 에를랑겐 대학교로부터 철학 박사학위를 취득했다. 흥미롭게도 그의 철학 박사학위 제목은 '남성에 대한 여성의 우월성'이었다. 그는 여성이 가장 나중에 창조되었기 때문에 여성이 더 완벽하다고 주장했다. 1830년 그는 뮌헨 대학교로부터 의학 학위를 수여받았다.

의학 분야에서도 학위를 받은 후 아가시는 조르주 퀴비에와 알렉산더 폰 홈볼트(1769~1859)를 만날 희망을 안고 파리를 여행했다. 그가 그들에게서 좋은 인상을 받았듯이 퀴비에 역시 브라질 산 어류에 관한 아가시의 논문집에 감명받아 그의 연구실에 아가시의 자리를 마련해주었다. 퀴비에 역시 '격변설'의 제안자였다. 격변설은 갑작스러운 대변동이 여러 차례 반복되며 지구의 역사를 만들었다는 이론이다. 일련의 사건들이 지질 구조를 형성했고 종의 소멸을 초래했다는 것이다. 아가시는 퀴비에의 제자였기 때문에 퀴비에의 믿음에 동의했다. 퀴비에는 아가시의 노력에 감탄하여 그에게 소장하고 있던 모든 어류 관련 노트를 지질학적 계통에 따라 분류하고 순서를 정하도록 했다.

파리에 머무는 동안, 아가시는 홈볼트와도 교류하면서 홈볼트의 남미 탐험에 매료되었다. 당시 조각가에게 지불해야 하는 경비가 많았음에도 불구하고 가난했던 아기시는 어느 날 홈볼트로부터 상당한 액수의 수표가 든 편지를 받게 되었다. 그리고 얼마 지나지 않아 퀴비에가 콜레라로 갑자기 세상을 떠나버렸다. 미래에 대한 걱정으로 아가시는 파리를 떠나 스위스로 돌아오게 되었다.

1832년 아가시는 그의 친구이며 룸메이트였던 알렉산더 브라운의 여동생인 세실 브라운과 결혼했다. 그들은 딸 둘과 아들 하나를 두었고 그의 아들 알렉산더도 훗날 과학자가 되었다.

가장이 되어 확실한 직장이 절실했던 아가시는 훔볼트의 추천을 받아 고향으로부터 19.3km 떨어진 뇌샤텔의 학원의 자연사 교수로 가게 되었다. 또한 뇌샤텔에 새롭게 개관한 박물관의 관장도 맡게 되었다. 아가시는 매혹적이고 활기찬 강연을 열면서 퀴비에의 막대한 수집품에서 물고기 화석들의 목록을 만드는 연구 또한 계속했다. 이러한 연구 결과는 1833년부터 1843년까지 《물고기 화석 연구》라는 5권의 책으로 출판되었다. 아가시는 이 책을 훔볼트에게 감사의 뜻으로 바쳤다.

1권이 발간된 후, 아가시는 찰스 라이엘(1797~1875)의 편지를 받았다. 스코틀랜드 지질학자 찰스 라이엘은 그 당시 런던 지질학회의 학회장이었다. 그 편지에서 라이엘은 아가시에게 물고기 화석에 대한 연구로 '울러스턴 메달'을 수여한다고 통보했다.

그의 연구는 어류학자뿐만 아니라 지질학자에게도 유용하게 쓰였다. 만약 지질학자들이 자신이 연구하는 암석층에 들어 있는 물고기 화석을 발견하게 된다면, 그들은 퇴적된 지층이 해양에서 퇴적되었는지 육지에서 퇴적되었는지, 그리고 퇴적된 시기가 어떤 지질시대인지를 알기 위하여 아가시의 책을 참조해야 할 것이다.

거대한 빙하가 스위스를 덮고 있었다!

1834년 7월 아가시는 스위스 루체른에서 개최된 스위스 자연과학회 연례학회에 참석했다. 이 학회에서 존경받고 있던 자연사 학자

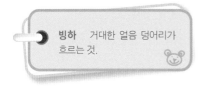
빙하 거대한 얼음 덩어리가
흐르는 것.

인 장 드 샤르팡티에(1786~1855)는 스위스가 한때는 **빙하**로 덮여 있었고, 심지어는 다른 지역까지 확장되었다는 것을 밝히는 논문을 발표했다. 이것은 그다지 새로운 생각은 아니었다. 다른 과학자들도 북부 유럽에 흩어져 있는 거대한 암석은 빙하에 의해서 그 자리에 위치하게 되었다고 추측하고 있었기 때문이다.

1829년 도로와 교량공학자인 이네스 브네(1788~1859)는 한때 스위스와 유럽 일부분이 빙하로 덮여 있었다고 말했는데, 벡스에 있는 소금 광산의 감독관이었던 샤르팡티에는 브네가 제공한 증거들을 확인해주었으며 보조 증거들을 체계화하고 분류하는 일도 맡아주었다. 아가시는 샤르팡티에가 빙하 이론에 관한 논문을 발표하는 학회에 참석했지만, 그다지 감명받지는 못했다.

샤르팡티에는 때때로 벡스에 있는 그의 집에 과학자들을 초청했다. 그의 집은 알프스 산맥과 쥐라 산맥 사이에 위치한 곳으로 제네바 호수로 들어가는 론 계곡 입구 부근에 있었다. 아가시와 부인은 1836년 여름 샤르팡티에의 초청을 받아들였다. 샤르팡티에는 빙하에 의해서 퇴적되었다고 믿고 있었던 여러 개의 거대한 '표석boulder'을 보여주었다. 남자들은 도보로 걸어서 산을 올라갔고 표면이 긁힌 암석과 샤르팡티에가 빙하가 녹으면서 떨어져 나왔다고 말한 자갈 퇴적물을 조사했다. 알프스 산맥을 여행하면서 아가시는 과거의 스위스에 빙하가 존재했다는 것을 뒷받침하는 지질학적 증거를 확신하게 되었다. 윤이 나고 매끄러운 낭떠러지는 과거 빙하가 지나갔던 흔적을 보여주는 것이었다. 그는 쥐라 산맥을 조사했고 알프스 산맥 곳곳에서 표석과 더 윤기 나고 표면이 긁힌 암석을 발견했다. 샤르팡티에가 옳았다. 거대한 빙하가 알프스 산맥과 쥐라 산맥 사이의 스위스 평원을 가로질러 모든 방향으로 퍼져 나갔던 것이다.

흥분을 감추지 못한 아가시는 과거 빙하가 존재했다는 것에 대한 부수적인 증거들을 찾고 빙하에 관한 모든 것을 알기 위해 여행을 떠났다. 그는 생소한 장소에서 여러 가지 커다란 표석들을 발견했다. 어떤 표석들은 집보다 더 컸다. 그들은 화강암 성분을 가지고 있었으나 주변 지형은 석회암으로 되어 있었다. 그는 빙하의 끝부분과 옆면에서 입자가 거친 암석의 흙무덤과 같은 여러 증거

빙퇴석 빙하에 의해서 흙과 돌이 퇴적되어 축적된 것.

미국 콜로라도 클리어 크리크의 양쪽 면에서 볼 수 있는 길이 4.8km, 평균 높이 152m에 걸친 측면 빙퇴석.

들을 관측할 수 있었는데, 이들을 **빙퇴석**이라 부른다. 놀랍게도 그는 현재 빙하가 없는 곳에서도 유사한 퇴적을 발견했다. 그리고 관심을 끈 다른 관측은 암석에 긁힌 자국 또는 흠을 가진 윤기 나는 암석의 존재였다.

아가시는 과거 빙하는 현재 존재하는 것보다 훨씬 더 광범위하게 존재하고 있었다고 확신하게 되었다. 빙하는 표석들을 쉽게 수백 킬로미터 떨어진 곳으로 이동시킬 수 있었다. 빙하가 녹은 자리에는 표석들이 남았고 빙하의 이동 경로에는 측면 빙퇴석의 자국을 남겨놓았으며 빙하가 퇴각할 때는 말단 빙퇴석을 남겨두었다. 땅 위로 흐르는 빙하의 무게로 인하여 마치 사포로 닦은 것처럼 암석에 윤기가 났다. 빙하가 통과하면서 산맥의 암석 벽에는 흠이 만들어졌고 이런 것들로 미루어 아가시는 한때 거대한 빙하가 스위스를 덮고 있었으며 점점 이동했다고 확신하게 되었다. 아가시는 자신의 제안을 더욱더 확실하게 하기 위하여 과거 거대한 빙하가 존재한 것은 퀴비에가 주장한 격변설과 일치한다고 주장했다. 그는 빙하가 스위스를 넘어 확장된 것이 아닌지 의심을 갖게 되었다.

빙하 연구에 미친 사나이

전 세계가 한때 빙하로 덮여 있었다는 새로운 사실을 확립하고자 한 그의 열정은 뜨거웠다. 아가시는 1837년 뇌샤텔에서 개최된 스위스 자연과학회 연례회의에서 발표하려던 물고기 화석에 대한 논문 보고를 취소하고, 대신 새로운 강연을 위해 밤늦도록 연구에 연구를 거듭했다. 이러한 새로운 강연을 '뇌샤텔 강연'이라고 한다. 물고기 화석보다도 표석과 빙퇴석을 소개하는 논문을 들은 청중들로 회의장은 소란스러웠지만 그는 강연을 계속했다. 그는 스위스를 횡단한 빙하 작용의 증거를 설명해주었다. 그는 기온이 갑자기 떨어져 온 세상이 얼음으로 뒤덮여져서 모든 생명체가 파괴되었고, 과거와 현재 생존하는 생물체 사이에 뚜렷한 구분이 이루어지게 되었다고 말했다.

아가시가 알프스 산맥으로부터 고산 빙하들이 한때 확장하여 쥐라 산맥의 남쪽 사면을 덮었다는 설명을 하자, 청중들은 냉담한 반응을 보였다. 북극에서부터 지중해까지 한때 거대한 빙상이 확장되었다고 말했을 때는 심한 욕설까지 퍼부었다. 샤르팡티에조차도 아가시의 폭탄 발언에 충격 받았다.

그날 남은 일정은 중단되었다. 아가시는 명백한 사실에 대한 동료들의 반응에 몹시 실망했다. 그러나 아가시는 빙하 옹호론의 대표자였다. 다른 사람들에게 강연을 하고자 했던 상황이 아가시로 하여금 단호한 결심을 할 수 있도록 만들어줬다. 불굴의 의지와 명성은 청중들이 그의 강연을 듣도록 만들었다. 그로부터 25년 후 아가시가 주장한 빙하시대의 존재는 전 세계적으로 받아들여졌다.

그 당시 논쟁의 많은 부분에는 종교적인 문세가 포함돼 있었다. 아가시는 신이 생물체를 창조했듯이 빙하시대도 일으켰다고 믿고 있었다. 그러나 다른 사람들은 왜 신이 생물체를 얼어 죽게 만들었

느지에 대해 이해할 수 없었다. 어떤 사람들은 그들이 사는 지역의 기후가 한때 지금과는 전혀 다른 기후였다는 것을 바로 받아들일 준비가 되어 있지 않았다.

그 당시 선도적인 지질학자인 찰스 라이엘은 표석의 배치가 여러 방법으로 이루어지는 것이라고 주장했다. 그는 표석들이 빙산에서 결빙되었고, 대홍수 기간 동안 원래 장소에서부터 먼 거리까지 물에 떠내려갔다고 말했다. 이 생각은 성경에서 말하는 노아의 홍수와 일치하는 것이었기 때문에 대체 이론으로 널리 받아들여졌다. 우리는 이 이론을 가리켜 '표류이론'이라고 한다. 가장 골치아픈 문제는 빙하에 대한 지질학자들의 몰이해였다. 그 당시는 남극 빙상과 그린란드 빙상이 아직 거대하게 형성되지 못하던 시기였다. 덧붙여 빙하시대 이론은 지구가 불에 의해서 형성된 다음 점진적인 냉각 과정이 있었다는 믿음과는 모순이 되었다. 만약 지구가 냉각하고 있었다면, 지구는 지금보다 더 뜨거웠을 것이다.

아가시는 빙하 연구를 지속적으로 수행했다. 빙하 움직임을 조사하기 위해서, 그는 빙하 안에 직선으로 여러 개의 막대기를 박아 넣었다. 2년 후 직선으로 넣은 막대기가 U 모양을 하고 있었다. 막대기들의 중심은 주변보다 더 빠르게 이동했다. 왜냐하면 빙하의 끝부분에 가까운 막대기의 움직임이 마찰에 의해서 통제를 받았기 때문이다. 그의 연구팀은 1827년 알프스 산맥의 몽블랑에 있는 빙하의 꼭대기에 지어진 오두막을 우연히 발견했는데, 이 오두막 전체는 1839년 약 1.6km 움직인 채로 연구팀의 눈에 띄었다.

빙하의 움직임은 단순히 전진과 퇴각이 아니다. 그러나 무거운 빙하 얼음에 작용하는 중력의 당김이 마치 차가운 당밀의 물결처럼 낱개의 얼음 알갱이들을 느리게 움직이도록 한다. 또한 얼음이 녹고 다시 결빙되는 것이 빙하를 경사면 아래로 움직이도록 한다. 얼음의 위층이 아래층보다 더 빨리 움직이며, 더욱이 가장자리보다 마찰을 적게 받는 중간층은 가장자리보다 더 빨리 움직인다. 이런 이유로 빙하는 실제 강물이 흐르는 것과 같이 천천히 흐른다.

빙하 이론을 반대하는 운동이 계속해서 일어났지만 아가시는 이에 굴하지 않고 1840년 《빙하 연구》를 출판했다. 이 책은 최초로 빙하를 전체적으로 규명한 빙하 연구서였다. 그는 빙하 운동, 어떻게 빙하가 전면에서 빙퇴석을 밀어 움직이는지에 대한 설명, 빙하의 꼭대기에서 일어나는 표석의 운반, 빙하 밑바닥에서 일어나는 긁힌 자국과 매끄럽게 닳은 표면 등에 대해서 요약했다. 아가시는 이 책을 샤르팡티에와 브네에게 헌정했지만, 이 책으로 인해 샤르팡티에와 아가시 사이의 우정은 끝나버리고 말았다. 샤르팡티에도 책을 집필하고 있는 과정이었기 때문에, 그는 아가시가 자신을 배신하여 원래 아이디어를 훔쳐서 먼저 출판했다고 느꼈던 것이다. 몇 년 후 아가시는 단층에 관한 우선권 시비에도 휘말리게 되었다. 스코틀랜드 지질학자인 제임스 포브스(1809~1868)는 빙하 얼음에 밝은 띠와

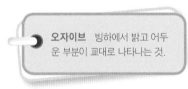

오자이브 빙하에서 밝고 어두운 부분이 교대로 나타나는 것.

어두운 띠가 교대한다는 발견에 대한 영예를 훔쳤다고 아가시를 비난했다. 이러한 띠를 **오자이브**라 부르는데, 겨울과 여름 사이에 흐름율이 달라져서 만들어진 것이다.

　1840년 아가시는 스코틀랜드 글래스고에서 개최된 영국 과학진흥협회 연례회의에서 빙하에 관한 논문을 제출했다. 그는 유럽 북부, 아시아 북부, 북미 지역이 한때 모두가 얼음으로 덮여 있었다고 주장했다. 3년 전 뇌샤텔에서와 같이, 청중들의 반응은 여전히 냉담 그 자체였다. 회의를 주관한 라이엘까지도 이의를 제기할 정도였다. 이때 참석자 중의 한 사람, 조용히 침묵을 지키던 자가 있었는데, 그

가 바로 잉글랜드 지질학자 윌리엄 버클랜드(1784~1856)였다.

회의가 끝난 후, 버클랜드는 아가시와 다른 스코틀랜드 지질학자인 로드릭 머치슨(1792~1871)을 만났다. 그들 모두는 옛날 빙하작용의 증거를 찾기 위해 스코틀랜드와 잉글랜드 북부 지방을 조사했고, 이러한 증거들이 곳곳에 있다는 것을 발견했다. 이제 버클랜드는 완전히 입장이 바뀌었다. 그는 라이엘을 몇 개월 만에 설득하여 아가시의 빙하 이론에 동의하도록 만들었다. 1840년 11월 아가시, 버클랜드, 라이엘 모두는 브리테인 섬에 존재하는 빙하의 증거들에 관한 논문들을 런던 지질학회에 제출했다. 물론 이 용감한 빙하 이론의 지지자들은 심한 반대에 부딪혔지만, 시간이 진실을 말해주었다.

아가시는 그의 주장을 진전시키기 위해서 빙하에 대한 증거 수집을 계속했다. 그는 과거 **빙하시대**의 아이디어를 찾는 데 많은 시간을 보냈다.

> **빙하시대** 빙하가 지구 육지의 많은 부분을 덮고 있던 시기.

1845년에 이르러, 대부분의 유럽 지질학자들은 한때 스위스를 덮었던 거대한 빙하의 존재를 믿었지만, 여전히 전 세계적인 빙하시대의 아이디어를 받아들이지는 않았다. 1847년 아가시는《빙하의 체계》라는 책을 출판했다. 이 책은 아가시가 알고 있던 빙하와 관련된 모든 것들을 요약해놓은 것이었다. 즉 빙하의 모습, 움직임, 필요한 기후 조건, 지리적인 조건 등등을 말이다.

과학의 개척자

프로이센 왕인 프리드리히 빌헬름 4세(1795~1861)가 훔볼트를 통해 제정한 후원기금을 받게 된 아가시는 1846년 미국으로 여행을 떠났다. 그의 임무는 유럽과 미국 '동물군fauna'을 비교 연구하는 것이었다. 그는 보스턴에 도착해 로웰연구소에서 강의했다. 강의의 제목은 '동물 왕국에서 창조의 계획'이었는데, 많은 사람들로부터 호응을 얻었다. 그는 빙하에 관한 한 강의는 프랑스어로 했다. 그 다음 해 아가시는 하버드 대학교 로렌스 과학학부의 생물학 교수직을 받아들였다. 이것은 중요한 사건이었다. 왜냐하면 출중한 교수를 잃어버린 뇌샤텔은 실망했지만, 세계 최고의 박물학자를 보유하게 된 미국은 감격스러워 했기 때문이다. 미국 국민들은 아가시를 제왕처럼 대우하여 그들의 자존심을 보상했다. 신대륙을 연구하는 매력과 더불어 만족스러운 대우를 받게 된 아가시는 죽을 때까지 미국에 머물게 된다.

하지만 아가시의 부인인 세실은 남편을 따라 미국으로 건너가지 않았다. 미국으로 가기 전 경제적인 어려움에 고통받던 세실은 1845년 그녀의 오빠인 알렉산더가 살고 있는 바덴으로 가버렸다. 여전히 그녀를 사랑하던 아가시는 1848년 그녀의 사망 소식을 듣고 깊은 슬픔에 빠져 지냈다.

1850년 아가시는 엘리자베스 캐리(1822~1907)와 재혼하게 된다. 훌륭한 동반자였고 세 아이의 어머니였던 그녀는 아가시가 미국에서 연구한 많은 업적의 공동 저자가 되었다. 아가시가 사망하자 그녀는 남편의 전기를 집필하기도 했다. 계획적이며 지성적인 여성이었던 그녀는 루이 아가시 때문에 유명하기도 했지만 여성 교육 기관인 래드클리프 컬리지를 설립하고 초대 학장을 지낸 사람으로도 유명하다. 래드클리프 컬리지는 1999년 공식적으로 하버드 대학교에 합쳐졌고 지금은 하버드 대학교 래드클리프 고등연구소로 불리고 있다.

아가시는 자연 환경을 연구하기 위해서 미국 전역을 여행했다. 그는 10권으로 된《미국의 자연사에 대한 공헌》이란 연구서를 발간할 계획을 세웠지만 1857년부터 1862년까지 4권까지만 출판되었다. 이들 책에서 제시된 가장 가치 있는 정보는 거북이 발생학에 대한 포괄적인 연구였다. 많은 박물학자들이 자연도태에 의한 진화를 생각한 찰스 다윈을 신봉했기 때문에, 이들 책은 크게 성공하지 못했다. 하지만 아가시는 결코 진화의 개념을 받아들이지 않았다. 사실 그는 다윈의 진화론을 격렬하게 반대한 사람 중 한 명이었다.

미국에서의 아가시는 혈기왕성한 과학자인 동시에 인기 있는 선생이었다. 그의 공헌은 너무 방대하여 이 책에서 전부 논의한다는 건 불가능한 일이다. 아가시는 한때 노스다코타, 미네소타, 매니토바에 걸쳐 존재했던, 그러나 지금은 사라진 광활한 호수를 찾으려고 했던 적이 있다. 따라서 오늘날에도 그를 기리기 위해 이 호수를 '아가시 호'라 부르고 있다. 그는 빙하 이론을 북아메리카까지 확대하기 위한 충분한 증거를 발견했다. 그가 소장한 거대한 양의 자료와 화석들을 가지고 1859년 하버드 대학교 '비교동물학 박물관 Museum of Comparative Zoology; MCZ'을 설립하여 초대 박물관장이 되었다. 이 박물관은 연구와 강의를 동시에 할 수 있도록 설계되어 이러한 건물의 모델이 되기도 했다. 아가시의 영향으로 공적·사적 재정 지원이 박물관에 끊이지 않았다. 1861년 그는 고생물학과 여러 과학 분야, 특히 물고기 화석에 대한 특출한 연구에 대한 공로로 영국 학술원이 수여하는 최고의 상인 '코플리 메달'을 받았다. 1865년에는 그는 브라질을 여행하며 그는 동물군을 조사했고 하버드 박물관에 전시할 종들을 수집했다.

루이 아가시는 1873년 12월 14일 미국 매사추세츠 주 케임브리지에서 뇌출혈로 사망했다. 가족들은 스위스 빙하 아알에서 가져온 표석을 그의 묘지 주변에 깔아놓았다. 그의 아들인 알렉산더는 매우 존경받는 해양 생물학자가 되어 아버지의 뒤를 이어 하버드 대학교 비교동물학 박물관 관장을 지냈다. 알렉산더는 계모와 함께 아버지가 다 마치지 못한《미국의 자연사에 대한 공헌》제5권을 완성했다. '국립과학원 National Academy of Sciences; NAS'의 설립도 또한 강한 의지를 가진 아가시의 노력으로 이루어졌다.

오늘날 NAS는 과학과 기술의 진흥과 유익한 사용을 조성하고자 만들어진 선발된 기관이다. NAS의 주요 업무는 과학과 기술 문제에 대해서 연방 정부에게 조언을 하는 것이다. MCZ와 NAS는 과학 진흥에 헌신한 아가시를 영원히 기념하는 곳으로 우뚝 서 있고, 많은 지질학적 기념물에는 그의 이름이 붙여졌다. 과거 거대한 빙하가 존재했다는 생각을 아가시 혼자서 해낸 것은 아니지만, 이러한 아이디어를 확장하여 전 세계적으로 빙하시대가 존재했다는 것을 확인시킨 공로는 실로 크다 할 것이다. 이러한 이유로 우리는 그를 '과학의 개척자'로 부르는 것이다.

고기후학의 선구자

옛날 기후를 연구하는 **고기후학**의 방법은 1800년대 중반부터 개선되고 있다. 오늘날 과학자들은 드릴로 얼음 속 깊은 곳까지 뚫어 긴 실린더에 끊어서 넣는다. 이

> **고기후학** 지구의 선사시대 기후와 수백만 년 동안 어떻게 기후가 변화했는지를 연구하는 학문 분야.

를 얼음 코어라고 하는데, 얼음 코어는 얼음이 만들어진 시간이 길면 길수록 여러 층으로 되어 있다. 개개 얼음층을 분석하면 얼음층이 생성된 당시 기후를 알 수 있다. 예를 들면 과학자들은 산소의 여러 동위원소들의 비를 구하여 얼음층이 형성된 당시의 온도를 추정한다. 결빙된 얼음 속에 갇힌 거품들은 그 당시의 대기 기체 조성의 샘플을 포함하고 있으므로, 이것으로부터 상대적인 온도를 추정해낸다. 또한 샘플 속에 있는 많은 양의 먼지를 분석해보면, 기후가 한랭했고 바람이 셌다는 것을 알 수 있다. 해양저에서 채취한 침전물 샘플 또한 퇴적층이 침전될 당시 기후에 대한 많은 증거를 제공해준다.

고기후학자들은 이러한 자료들과 현대의 여러 가지 연구 방법을 사용하여 과거 250만 년 동안 24번의 빙하시대가 존재했다는 것을

극지방 만년설

북태평양

아시아

알래스카

북극해

북극

캐나다

북아메리카

유럽

북대서양

지중해

멕시코만

약 11,500년 전 북극의 대륙빙하

아프리카

가장 최근의 빙하시대 동안 북반구의 극관은 영국과 북미 쪽 모든 방향으로 확장되었다.

확인했다. 빙하시대에는 전 세계 평균 기온이 떨어졌고 극관이 확장됐다. 가장 최근의 빙하시대를 '대빙하시대$^{Great\ Ice\ Age}$'로 부르며 약 50만 년 전에 시작하여 11,500년 전까지 지속되었다. 지구는 현재 빙하시대 사이에 해당하는 간빙기에 위치하고 있다. 오늘날에는 과거 빙하시대의 존재를 당연하게 받아들이지만, 1800년 중반까지만 해도 많은 반대가 있었다. 루이 아가시도 처음에는 이 사실을 무시했다. 그러나 증거들이 모인 후에는 다른 사람들에게 이러한 사실을 일리는데 앞장섰다. 아가시는 대빙하시대의 존재를 과학적으로 증명함으로써, 지구 기후에 대한 과학자들의 이해를 바꾸었고, 전 세계가 온난화되고 한랭화되는 자연적인 주기를 연구하는 고기후학자들을 위한 길을 활짝 열어주었다.

빙하란 무엇인가?

빙하는 거대한 얼음의 역학적인 집단이다. 빙하는 수백 미터에서 수킬로미터까지 두께를 가질 수 있다. 만약 빙하가 거의 평편한 육지상에 발생하게 되면 이것을 대륙빙하라고 부른다. 대륙빙하는 중간 부분이 위로 볼록하여 모든 방향으로 경사진 것이 특징이다. 남극 대륙과 그린란드를 덮고 있는 큰 규모의 대륙빙하를 빙상이라고 한다. 한편 작은 규모의 대륙빙하를 극관이라고 한다. 또 계곡빙하란 산맥의 계곡을 채우고 있는 빙하를 말한다. 계곡빙하는 마치 강물이 흐르는 것처럼 얼음이 천천히 길게 흐르는 모습을 하고 있다. 빙하가 바다로 들어가는 경우 빙하가 깨져 바다에 떠 있는 조각을 빙산이라고 하는데, 빙산 중 어떤 것은 백만 톤의 무게가 나가는 것도 있다.

빙산 빙하로부터 깨져 나온 커다란 얼음 덩어리가 바다에 떠 있는 것.

빙하는 1년 동안 눈이 녹는 양보다 내리는 양이 많을 때 형성된다. 이렇게 축적된 눈은 그 다음 해 축적된 눈에 의해서 묻어져서 결정으로 만들어진다. 이런 일들이 그 다음 해도 그 다음 해도 계속 일어나, 마침내 여러 층의 눈들의 무게로 인하여 다져지게 되면, 눈의 결정은 단단한 얼음으로 변하게 되는 것이다. 이런 과정은 기간이 길고 눈이 많이 내리고 한랭한 겨울 동안 도롯가에 쌓인 눈에서도 비슷하게 일어난다. 눈은 도롯가로 끊임없이 밀쳐진다. 만약 눈이 녹을 만큼 기온이 올라가지 않으면, 눈은 계속 쌓이게 되고 눌려 굳히게 된다. 어느 정도 시간이 지나면 이미 눈의 모습은 사라지고 더욱더 단단해지고 더욱더 치밀해지는 것이다. 빙하는 매우 밀도가 크고 단단하다. 빙하의 강도는 마치 칼로 치즈를 자르듯이 산맥의 옆면을 베어버릴 만큼 단단하다. 매년 눈이 녹는 양보다 더 많은 눈이 내리면, 빙하는 성장하게 되고 밀려 내려오게 된다. 만약 기온이 올라가고 빙하 얼음이 녹는다면, 빙하는 퇴각하게 될 것이다.

지구의 자전축은 가상적인 선이다. 지구의 자전은 하루 24시간 동안 이루어
진다. 지구는 자전하면서 태양 주위를 타원 궤도로 공전한다. 지구의 1회 공전
을 1년이라 한다. 그러나 지구의 축은 지구 공전 타원 궤도면과 수직을 이루지
않는다. 지구 자전축은 수직에 대해서 23.5° 기울어져 있다. 이런 이유로 지구
가 태양 주위를 공전하기 때문에, 북반구와 남반구는 계절적인 기후 차이를 나
타내는 것이다. 원일점에 있는 동안, 지구는 태양으로부터 가장 먼 곳에 위치
한다. 그러나 이 시기에 북반구는 가장 온난한 계절을 경험하게 된다. 이유는
지축이 경사졌으므로 이 시기에 북반구는 태양과
가장 정면으로 바라보게 되기 때문이다. 따라서
햇빛은 지면을 매우 집중적으로 비추게 된다. 반
대로 지구가 태양과 가장 근접하는 근일점에서 북
반구는 태양으로부터 어긋나기 때문에, 햇빛은 확
산되고 더 적은 열을 만들게 된다.

> **원일점** 어떤 행성이 태양으
> 로부터 가장 멀리 떨어진 때의
> 위치.
>
> **근일점** 행성이 태양에 가장
> 근접하는 때의 위치.

이러한 예측 가능한 계절적인 날씨 변화만 가지고는 빙하시대를 만들고 유
지할 수 있는 조건으로 지구 기후 변화를 설명하기에는 부족하다. 세르비아의
지구물리학자인 밀루틴 밀란코비치(1879~1958)는 지구의 운동에서 약간의
기하학적 변화가 어떻게 지표면이 받는 태양에너지에 영향을 주는지를 설명하
는 이론을 개발하여 빙하시대를 설명했다. 지구의 운동은 주기적이고 상당히
긴 시간으로 이루어지기 때문에 기후에 충분한 영향을 미칠 수 있다.

첫째, 지구는 태양을 한 초점으로 하여 타원 궤도를 그리면서 태양 주위를

밀란코비치의 기후 사이클

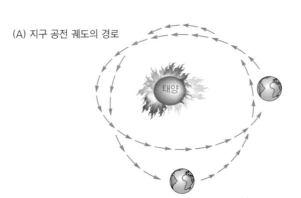

(A) 지구 공전 궤도의 경로

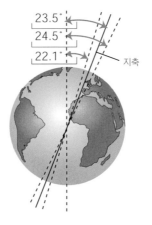

(B) 지축 경사각

23.5°
24.5°
22.1°

지축

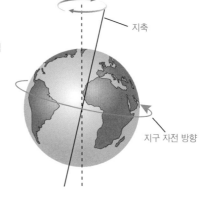

지축

(C) 지축의 비틀거림

지구 자전 방향

전 세계 기후에 영향을 미치는 지구운동의 세 가지 주기 변화의 합성 효과.

공전한다. 그러나 궤도 **이심률**은 약 10만 년을 주기로 변동한다. 즉 타원 궤도에서 원 궤도로 변동하는 것이다. 더 나아가 타원 궤도가 커지면 지구는 태양으로부터 더 멀어지게 된다. 궤도 모양의 변화는 태양과 지구 사이의 거리에 영향을 미쳐 원일점과 근일점 차이를 수백만 킬로미터가 되도록 한다.

둘째, 현재는 23.5°인 지축의 경사는 매 4만 년 동안 21.5°에서 24.5° 사이에서 변동한다. 경사각이 증가하면, 계절은 더 뚜렷해져서 극심한 겨울이 발생하게 된다. 눈과 얼음은 태양 빛을 반사하여 지구를 한랭하게 만든다.

마지막으로 지구는 팽이가 천천히 돌 때 팽이 꼭대기가 흔들리는 모양과 같이 행동한다. 지구가 시계 방향으로 흔들리는 모양이 원형으로 바뀌는 모습은 2만1천 년에 걸쳐 일어난다. 이것이 한 반구에는 극심한 계절을 일으킬 수 있으며 다른 반구에서는 계절의 극심함이 줄어든다.

이러한 세 가지 주기 효과를 합성하게 되면 전 세계 기후가 뚜렷하게 변화하게 된다. 1800년 밀란코비치는 과거 60만 년 동안 지구의 기온을 수학적으로 계산했다. 그는 이러한 계산과 빙하시대를 연관 지어 지구운동과 위치, 그리고 뚜렷한 기후 변동 사이의 관계들을 밝혀내었다. 밀란코비치의 이론이 받아들여지기까지에는 많은 시간이 필요했지만, 이 이론은 지구상에 나타난 빙기와 간빙기를 설명하는 데 가장 그럴듯한 이론으로 남아 있다.

이심률 원 궤도와의 편차.
간빙기 두 개의 빙하기 사이의 기간.

연 대 기

1807	5월 28일 스위스 모티에에서 출생
1829	뮌헨 대학교와 에를랑겐 대학교에서 철학 박사학위 취득
1830	뮌헨 대학교에서 의학 분야 학위 취득
1831~32	프랑스 해부학자인 조르주 퀴비에와 공동 연구
1832	스위스 뇌샤텔 컬리지 자연사 교수가 됨
1833~44	5권으로 된《물고기 화석 연구》출판
1835~45	스위스의 빙하 형성 연구
1837	스위스 자연과학회에서 기본적인 빙하시대 이론을 소개하는 〈뇌샤텔 강연〉을 연설함
1840	《빙하 연구》출판
1846	보스턴 로웰연구소에서 강의하기 위해 미국 여행

"
대기의 순환을
복잡한 역학으로 밝힌
윌리엄 페렐
"

Chapter 6

기상역학의 원조,

윌리엄 페렐

William Ferrel
(1817~1891)

페렐의 법칙

　윌리엄 페렐, 그는 천재였다. 시골의 조그만 학교 선생님이었던 그의 가장 탁월한 업적은 지구 자전, 조석, 기상학에 집중되어 있다. 그는 대기와 해양 순환에 의해 이동하는 물체와 관련하여 나타나는 기상 현상에 최초로 수학식을 적용한 사람이다.

　기상학 연구에서 그의 가장 빛나는 공헌은 지구 자전에 의해 지표면을 따라 움직이는 물체의 전향을 설명하는 법칙을 수식으로 표시한 것이었다. 북반구에서 전향은 오른쪽으로 일어나지만, 남반구에서는 왼쪽으로 일어난다. 오늘날 우리는 이것을 '페렐의 법칙'이라고 부른다.

시골 마을의 수학자

윌리엄 페렐은 1817년 1월 29일 미국 펜실베이니아 주 베드퍼드 카운티에서 아버지 벤자민 페렐과 어머니 밀러 사이에서 태어났다. 시골 학교에 입학한 윌리엄은 그의 아버지가 운영하던 제재소에서 일하면서 대가족을 도왔다. 1829년 그의 가족은 현재 웨스트버지니아 주의 한 농장으로 이주했다. 그곳에서 윌리엄은 교실이 하나밖에 없는 학교를 2년 동안 다녔다. 매우 똑똑했던 윌리엄은 다양한 학습 교재가 부족해 지역 주간 신문에 실린 과학 기사를 읽는 것이 유일한 기쁨이었다. 그가 열다섯 살이 되었을 때, 뜻밖에도 기하학에 관한 책을 발견하고 푹 빠져들면서 그가 앞으로 나아갈 길이 뭔지를 정하게 되었다.

1832년 윌리엄은 부분 일식을 목격하게 된다. 일식이란 달이 지구와 태양 사이를 지나가면서 달이 태양을 가릴 때 나타나는 현상이다. 이러한 천문 현상에 깊은 인상을 받은 젊은 윌리엄은 1년 6개월 후인 1835년에 나타날 일식을 수학적으로 예측해내는 데 성공했다. 그는 오래된 농부용 책력과 기본 지리책을 하나하나 조사하여 모은 정보를 사용했는데, 독학한 10대 소년이 거둔 성과 치고는 대단히 놀랄 만한 일이 아닐 수 없었다.

　17세가 되었을 무렵부터는 거의 매일 아버지 농장에서 일해야 했던 윌리엄은 어느 날 여러 가지 삼각법을 포함하고 있는 측량조사 지침서 한 권을 손에 넣게 되었다. 그는 여름 동안 농장에서 사용하던 건초용 갈퀴를 기하학적 도형으로 그리는 방법을 완전히 습득했다. 배움에 대한 욕심은 커져만 갔다. 그중 기하학에 대한 갈망으로 윌리엄은 다음 해 집 근처에 살고 있던 측량사로부터 기하학 교과서를 빌려 공부했다. 그리고 스무 살이 된 윌리엄은 만유인력의 법칙과 달과 행성이 타원 궤도로 움직인다는 사실을 알게 되었다.

　1839년 페렐은 학생을 가르쳐 모은 돈을 이용하여 펜실베이니아 주 메르세스버그에 있는 마셜 컬리지에 입학했다. 마셜 컬리지에서 그는 처음 대수학을 접하게 되었고, 정규 수학 교육 또한 받게 되었다. 그러나 아쉽게도 저축한 돈이 바닥나자 입학한 지 2년 만에 학업을 중단할 수밖에 없었다.

　그는 돈을 벌기 위해 학생들을 가르친 후, 1842년 웨스트버지니아 주 베사니 컬리지에 다시 입학하여 2년 후 졸업한 뒤 교사 생활을 위해 미주리 주 서부 지방인 리버티로 이사했다.

기상학계의 뉴턴

페렐은 리버티에서 아이작 뉴턴(1642~1727)이 쓴 《프린키피아》를 구하게 되었다. 이것은 만유인력의 법칙과 행성의 타원 궤도를 설명해놓은 책이었다. 만유인력의 법칙이란 우주 속의 모든 물체는 다른 물체를 당기며 그 힘은 두 물체 질량의 곱에 비례하고 두 물체 사이 거리의 제곱에 반비례한다는 것이다. 또한 뉴턴은 조석의 존재를 수학적으로 설명해놓았다. 《프린키피아》에는 조석에 관한 부수적인 여러 논문들이 포함되어 있었다. 작은 마을인 리버티에서 이 책을 발견한 것은 페렐에게 있어서 신의 선물이나 다름없었다. 그는 《프린키피아》를 읽고 과학에 대해서 생각하게 되었다. 특히 조석에 관해서 관심을 가지게 되었다.

켄터키 주 토드 카운티에서 교사직을 수락한 후인 1850년, 페렐은 프랑스 천문학자이자 수학자인 피에르 시몽 드 라플라스(1749~1827)가 쓴 《항성 역학》을 공부했다. 5권으로 된 이 책은 조석에 대해서 광범위하게 연구한 것이다. 그는 가속도가 더 커지면 다른 행성의 인력으로 인하여 지구 궤도가 변화할 것이라고 주장했다.

페렐은 뉴턴의 책으로 공부한 후, 조석에 대한 달과 태양의 작용이 지구 자전을 늦출 수 있을 것이라고 결론지었다. 그러나 라플라스는 지구 자전의 지연을 설명하지 못했고 그의 계산은 잘못된 것처럼 보였다. 페렐이 예상한 효과는 냉각에 의해서 지구가 점점 축소

된다면 설명될 수 있다고 가정했다. 페렐은 자신의 첫 번째 과학 연구 논문인 〈지구의 자전 운동에 영향을 미치는 태양과 달의 효과〉를 1853년 〈굴드 천문저널〉에 발표하기에 이른다. 이 논문은 어떻게 조석이 지구와 달의 자전에 영향을 미치는지를 수학적으로 증명한 것이다.

페렐은 1854년 테네시 주 내시빌에 사립학교를 설립했다. 그는 이제 더 이상 책과 여러 과학 논문을 손에 넣기 위해 부근 도시를 떠돌아다닐 필요가 없게 되었다. 조석과 지구에 관한 여러 책들을 쉽게 만나게 됨에 따라, 페렐은 달의 가속에 관한 라플라스의 연구에 결함이 있다는 결론에 도달했다. 라플라스는 지축에 대한 지구 자전율에 영향을 미치는 조석의 효과를 나타내는 이차항을 설명하는 데 실패했다.

1856년 페렐은 〈두 번째 종류의 진동으로 간주되는 조석의 문제〉라는 논문을 〈굴드 천문저널〉에 발표하게 된다. 그는 또한 매일 조석은 해양의 일정한 깊이에서 사라질 것이라고 말한 라플라스의 주장이 틀렸다고 선언했다. 1864년 페렐은 미국학술원에 의해 개최된 강연에서 조석 마찰력의 문제를 되짚어보았다. 라플라스는 이 문제에 대해서 무관심한 태도를 보였다. 이것은 유체 마찰력에 대한 최초의 정량적인 논문이었다. 전 세계적으로 유명한 라플라스에 도전하여, 페렐은 자신의 총명함을 증명해낸 것이다.

움직이는 물체에 대한 자전 효과

페렐의 연구 초점은 자연스럽게 조석 운동에서 기상학으로 옮겨 갔다. 페렐의 가장 중요한 과학 업적은 지표면을 따라 움직이는 물체의 이동에서 영향을 미치는 지구 자전의 효과를 설명한 것이다. 그는 바람의 순환 패턴과 해류가 어떻게 지구 자전에 의해서 영향을 받는가를 보여주었다. 매슈 폰테인 모리(1806~1873)의 책《바다의 자연지리학》을 읽은 페렐은 위도 30°에 고압대가 존재한다는 것을 알게 되었다. 저압대는 **적도**와 **극**에 존재한다. 페렐은 이런 분포에 관심을 가졌다. 그는 지구 자전과 대기 운동에 관련된 조석의 이동 사이에 어떤 관계가 있는지를 알아보고자 했다. 이러한 연구 결과 그는 **중위도** 바람 순환 패턴을 설명한 〈바람과 해류에 관한 에세이〉를 1856년 〈내시빌 의학 저널〉에 발표하게 된다. 페렐은 바람, 기압, 폭풍에 관한 앞서의 근거 없는 가설을 거부하는 것과 동시에 그러한 기상 현상들을 몇 개의 간단한 자연법칙으로 보여주었다. 또한 페렐은 지구 자전으로 인해 대기 운동과 해류가 전향한다는 것을 증명했다. 그리고 이것을 대기 대순환과 저기압의 회전 운동에 대한 모델 개발에 사용했으며, 중위도 지방에 바람 순환 세포가 존재한다고 주장하기도 했다.

적도 양극으로부터 어느 곳이나 동일한 거리를 가지는 가상의 선으로 이를 중심으로 북반구와 남반구로 구분된다.

극 지구 자전축의 양쪽 끝부분.

중위도 북위 또는 남위 30°에서 60° 사이의 위도대.

3세포 모델은 지구의 지상풍의 효과를 요약하여 대기 순환을 간단하게 설명하고 있다(146페이지 그림 참조). 이 모델은 세 가지의 다른 형태의 순환 세포로 구성된다. 대류로 이루어지는 **해들리 세포**는 따뜻한 공기가 상승하여 수분을 잃는 적도 부근에서 발생한다. 공기는 적도로부터 움직여 나간 다음 온난하지만 건조한 공기는 열대지방에서 하강한다. **한대세포**는 고위도에서 발생한다. 공기는 극지방 지상 부근으로부터 순환하여 중위도 지방에 도달하면 상승하고 다시 극지방으로 되돌아온다. 지상 기온으로부터 유발된 해들리세포와 한대세포와는 다르게, **페렐 세포**는 해들리 세포와 한대세포에 의해서 간접적으로 유발된다. 페렐 세포는 해들리세포와 한대세포 사이에 위치한 중위도에 존재하며 세포 내에서 공기는 한대전선을 따라 상승한 다음 열대지방에서 하강한다. 페렐의 이론은 정확하게 맞는 것은 아니었지만, 이것은 최초로 중위도의 편서풍을 조리 있게 설명한 시도라는 데 그 가치가 있다.

1857년 페렐은 《미국 역표와 항해력》 출판의 집필위원으로 초대받아 수많은

3세포 모델 전 세계 대기 순환을 나타내는 모델로서 온난 공기는 적도로부터 극 쪽으로 이동하고, 한랭 공기는 극으로부터 적도 쪽으로 이동하는 세 개의 평균 순환 또는 순환 세포로 구성되어 있다.

해들리 세포 적도와 위도 30° 부근 사이에 열의 직접 순환으로 나타나는 남북 간의 순환 세포를 말한다. 즉 지상에서는 30° 부근에서 적도 쪽으로 무역풍이 불며, 상공에서는 적도 쪽에서 상승하여 극 쪽으로 바람이 불어 위도 30° 부근에서 하강하는 순환이다.

한대세포 고위도에서 발생하는 대기 대순환의 일부분으로서, 지상 부근에서는 극으로부터 공기가 움직여 중위도까지 도달한 후 한대전선을 따라 상승한 다음 극으로 되돌아가는 직접 순환세포를 말한다.

페렐 세포 한대세포와 해들리세포 사이인 중위도 지방에 존재하는 순환세포.

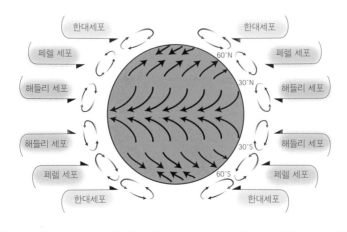

3세포 모델

대기 대순환을 설명하는 3세포 모델

복잡한 계산을 수행했다. 페렐은 이 일을 가지고 내시빌로 돌아왔다가 1858년 그가 설립한 학교를 두고 케임브리지로 이사했다. 페렐은 15년 동안 그래머 스쿨에서 교사 생활을 한 뒤, 마침내 과학 연구에 모든 노력을 기울일 수 있게 되었다. 친구의 요청으로 페렐은 1856년 발표한 〈지구 표면에 상대하는 유체와 고체의 운동〉을 수정하여 〈월간 수학〉지에 발표했다. 이것은 페렐이 기상학 분야에 공헌한 가장 가치 있는 논문이었다. 이 연구로 인하여 페렐은 '지구 유체역학의 창시자'라는 칭호를 라플라스와 함께 얻게 되었고, 오늘날 페렐의 법칙으로 알려진 것을 굳건하게 확립할 수 있었다. 페렐의 법칙은 만약 물체가 어떤 방향으로 운동할 때, 지구 자전으로 인해 발생하는 힘이 존재한다면, 북반구에서는 이 힘이 물체를 오른쪽으로 전향시키고 남반구에서는 왼쪽으로 전향시킨다는 것을 설명한다. 이 이론은 1861년 폭넓은 독자층을 보유한 〈미국 과학 저널〉에 발표되었다. 페렐은 바람과 기압 경도 사이의 관계식을 찾아내었고, 지구 표면이 바람에 미치는 저항에 대해서도 설명했다. 또한 폭풍의 발달과 이동이 일어나는 상층 기류의 역할에 대해서도 설명했다.

1857년 네덜란드 기상학자인 크리스토퍼 바이스 발로트(1817~1890) 또한 고기압과 저기압 지역에서의 바람 순환을 설명했다. 바이스 발로트는 만약 북반구에서 바람을 등지고 서 있다면 저기압 지역은 서 있는 사람의 왼쪽에 위치하게 되고, 만약 남반구에 있다면 저기압 지역은 오른쪽에 위치하게 된다고 말했다. 바이스 발로트는 페렐의 연구가 앞서 이루어진 것을 알게 되자마자, 페렐의 주장에 대해 깊은 감사의 뜻을 표했다.

조석을 예측할 수 있는 기계의 등장

1867년 페렐은 미국 연안측지국에 근무하게 되어 워싱턴으로 이사했다. 그의 임무는 일반적인 조석 이론을 개발하는 것이었다. 다시 한 번 조석에 초점을 맞추어 연구할 수 있는 기회가 생긴 셈이었다. 그는 1874년 〈연안측지국 연구보고서〉의 부록으로《조석 연구》를 출판했다. 그 다음 연구 결과는 〈연안 항로 안내서의 사용을 위한 기상 연구〉라는 논문에서 찾을 수 있다. 이 논문들은 1875년 〈미국 연안측지국 감독 보고서〉의 부록에 수록되어 있다.

1870년대 페렐은 미국 기상학자인 제임스 에스피(1785~1869)의 이론을 다듬는 일을 주로 했다. 에스피는 폭풍과 같은 대기의 발생을 이론화한 사람이다. 에스피의 대류 이론을 보면, 폭풍 형성은 온난한 공기가 상승하면서 팽창하여 냉각이 일어나는 것으로부터 시작된다고 설명하고 있다. 온도가 감소하면 공기 속의 수증기가 응결하게 되어 구름을 형성하게 된다. 이러한 대류 과정은 지상 부근에 저기압의 발달을 가져온다. 저기압은 안쪽으로 공기를 모아 위로 상승시킴으로써 강한 비가 내리도록 한다. 에스피는 바람은 모든 방향에서 폭풍 중심 쪽으로 불게 한다는 잘못된 주장을 했지만, 상승하는 수증기의 응결이 폭풍 에너지의 근원이라는 것은 옳은 주장이었다.

페렐은 폭풍의 형성에서 수분과 대기 순환의 역할에 대해 조사해 저기압에 관한 에스피의 연구를 정성스럽게 고쳤고, 그의 지식을 저기압에 영향을 주는 마찰 효과에도 적용했다. 또한 에스피의 아이디어를 허리케인뿐만 아니라 뇌우와 토네이도에도 확장했다. 페렐은 회오리 폭풍의 원심력이 폭풍 중심의 저기압으로 계산될 수 있다고 설명했다.

한편 페렐은 미국 연안측지국에서 근무하고 있는 동안 조석 예측 기계의 모델을 제출하기도 했다. 이전까지 사용되던 기계는 연속선으로 조석의 높이를 기록했는데, 페렐이 제시한 기계는 조석을 일으키는 운동을 모의했고 조석의 최고 높이와 최저 높이를 제공해주기도 했다. 그는 1880년 보스턴에서 개최된 미국과학진흥협회의 연례회의에서 이 기계를 설명했다. 이 기계는 제작되어 1883년에 실제 사용되기 시작했다. 25년 동안 미국 연안측지국에서 조석을 예측하는 데 사용되었고 그 결과를《조석표》에 수록했다.

1882년부터 1886년까지 페렐은 미국 육군통신대 기상학 교수로 근무했다. 이 기관은 1891년 미국기상국으로 개편되었다. 말년에 그는 일반 대중을 위한 여러 가지 기상학에 관한 책을 출판했다. 여기에는 1882년에 출판된《대기의 움직임에 관한 일반적인 에세이》, 1884년에 발간된《대기와 지구 표면의 온도》, 1886년에 출판된《기상학의 최근 발전》, 1889년에 출간된《바람에 관한 일반적인 논문집》등이 포함된다. 1886년 70세가 된 페렐은 은퇴하여 가족들과 함께 캔자스 주에서 여생을 보냈다.

1891년 9월 18일 지구유체역학의 창시자인 페렐은 74세의 나이로 캔자스 주 메이우드에서 눈을 감았다. 친구들로부터 매우 존경받던 페렐은 너무 부끄러움이 많아 조석 마찰에 대한 자신의 논문을 읽지 못할 정도였다고 자서전에서 회고하고 있다. 또한 대중들 앞에서 강연하는 용기를 갖추기도 전에 그는 미국 학술 단체의 여러 모임을 유치하게 되었다고 고백했다.

일생 동안 페렐은 여러 대학으로부터 명예 석사학위와 명예 박사학위를 수여받았다. 1868년에는 권위 있는 국립과학원의 회원으로 선출되었으며 또한 미국 과학원의 펠로로 임명되었고, 오스트리아, 영국, 독일 기상학회의 명예회원으로 활동하기도 했다.

조석

　조석은 해양의 표면이 교대로 올라가고 내려가는 것을 말한다. 조석은 달과 태양의 인력에 의해서 만들어진다. 달의 인력은 달과 마주보는 지구 옆부분의 해양의 물을 끌어당긴다. 이것으로 인하여 해양의 물은 약간 부풀게 되고, 따라서 이 지역의 물은 더 깊어지게 된다. 이와 동시에 달의 인력은 고체 지구를 밀어 달과 마주보는 지구 반대편의 물도 부풀게 만든다. 이러한 달에 의해 해양의 물이 부푸는 현상을 만조라 한다. 동시에 만조가 일어나는 위치에서 달과 마주보는 지구의 90° 방향에는 간조가 일어나게 된다. 태양도 비슷한 효과를 나타내지만 태양은 달보다 워낙 멀리 떨어져 있기 때문에 태양의 효과는 달의 효과에 비하면 2분의 1 정도에 지나지 않는다. 대부분의 장소에서 조석 주기는 반일주이다. 이는 조석이 하루에 두 번 일어난다는 의미인 것이다.

　지구는 지축을 중심으로 자전하고 이와 동시에 달은 지구 주위를 공전하기 때문에, 지구상의 한 점에서 다시 그 점으로 되돌아오는 달의 공전 주기는 24시간보다 약간 길게 나타난다. 이런 이유로 매일 만조와 간조가 일어나는 시간이 다르게 된다. 조석은 3m 이상 해양의 물을 올리거나 떨어뜨리게 한다. 조류는 조석 활동에 의해 해양 물이 들어오고 나가는 것을 말하는데, 이러한 조류는 비교적 약한 흐름이지만 육지 부근에서는 더 강해진다.

코리올리 효과

　지축을 중심으로 회전하는 지구 자전은 바람을 일으키지 않는다. 지구는 지구 대기를 늘 같은 자리에 붙들고 있기 때문에 지구 자전과 함께 대기도 회전한다. 그러나 시계 반대 방향으로 회전하는 자전은 바람의 경로에 영향을 미친다. 이 현상은 이것을 설명한 프랑스 물리학자 겸 수학자인 가스파르 구스타브 드 코리올리(1792~1843)의 이름을 따서 코리올리 효과라고 한다. 코리올리는 1835년 〈물체계의 상대적 운동 방정식에 관하여〉란 논문을 발표했다. 그는 이 논문에서 자전하는 지구와 같이 회전하는 지표면에서의 물체의 움직임을 설명했다. 이 현상을 '코리올리 효과'라고 부르고는 있지만, 사실을 말하자면 페렐이 1856년 처음으로 기상학적 영향을 연구했다고 할 수 있다.

　코리올리 효과는 어떻게 기단이 북반구에서는 원 경로의 오른쪽으로 전향하고 남반구에서는 왼쪽으로 전향하는지를 설명하는 것이다. 겉보기 편차는 지구의 자전에 의한 것이다. 바람 자체는 경로를 변화하지 않았지만, 지구가 이동했기 때문에 이런 일이 간단히 일어난다. 이 효과는 북극과 남극에서 가장 크게 나타나고 적도에서는 이 효과가 나타나지 않는다. 왜냐하면 극 쪽으로 접근하게 되면 지구의 자전이 줄어들기 때문이다. 이 점을 설명하기 위해 어느 완전한 하루를 고려해보자. 완전하게 지구 자전이 이루어졌다면, 적도상의 한 점은 지구 둘레인 40,000km를 이동하게 된다. 그러나 적도에서 북쪽 또는 남쪽에 위치한 한 점은 동일한 시간 동안 적도보다는 훨씬 짧은 거리를 이동하게 되어 속도가 더 느려지게 된다. 공기가 적도에서부터 북쪽으로 움직이게 되면, 이 공기는 천천히 움직이는 지표와 비교해보아도 더 빠른 속도를 가지게 되므

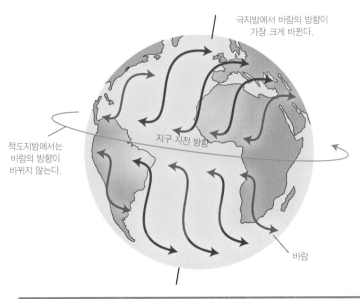

코리올리 효과

극지방에서 바람의 방향이
가장 크게 바뀐다.

지구 자전 방향

적도지방에서는
바람의 방향이
바뀌지 않는다.

바람

지구 자전에 의해 북반구에서는 바람의 방향이 오른쪽으로 바뀌고, 남반구에서는 왼쪽으로 바뀌는 것을 코리올리 효과라 한다.

로 동쪽으로 움직이게 된다. 공기가 적도로부터 남과 북으로 움직일 때 마치 공기와 물을 동쪽으로 미는 것처럼 보이는 힘을 코리올리 힘(전향력)이라 하며, 이 힘은 허리케인과 토네이도의 회전 운동에 필수적이다. 바람이 남북 방향으로 불 때, 코리올리 효과가 가장 뚜렷하게 나타난다. 코리올리 힘은 속력이 빠를수록 크게 나타나고, 바람이 빠르면 빠를수록 전향이 많이 되는데, 그것은 주어진 시간 동안 이동한 거리가 더 멀기 때문이다.

연 대 기

> 복사열에 대한
> 대기 기체들의
> 효과를 연구한
> 존 틴들

Chapter 7

보이지 않는 기체의 효과를 찾아서,

존 틴들

John Tyndall
(1820~1893)

미립자에 의한 빛의 연구로 '틴들현상' 발견

맑은 날 밤, 자동차 전조등으로부터 복사되는 빛줄기는 길옆에서는 볼 수 없다. 오직 광원의 정면에서만 빛을 볼 수 있다. 그러나 안개 낀 날에는 빛줄기를 볼 수 있는데, 빛이 공기 중에 떠다니는 많은 수증기 분자들에 의해서 산란되기 때문이다. 이 현상을 우리는 19세기 대기 기체와 복사 전달을 연구한 존 틴들의 이름을 따서 '틴들 효과'라고 한다. 틴들은 햇빛이 대기를 통과할 때, 가장 풍부한 대기 성분들이 복사열의 투과에 가장 적은 효과를 가지는 반면, 눈에 보이지 않는 미량의 기체들이 지구의 지상 온도에 엄청난 효과를 미친다는 것을 발견했다. 특히 수증기는 열복사를 효율적으로 흡수하는 것으로, 그는 대기 중의 수증기와 이산화탄소 양의 변동을 통하여 기후 변화를 역으로 추적할 수 있다고 주장했다. 자연철학자로서 틴들은 어느 하나의 과학 분야에만 집중하지 않았다. 그는 전 생애를 통하여 전자기학에서부터 세균학에 이르기까지 수많은 주제에 대해서 연구했다.

> **틴들 효과** 대기 중에 부유하는 입자들에 의해 일어나는 빛의 산란.

측량사로 시작하여 자연철학 교수가 되기까지

존 틴들은 1820년 8월 2일 아일랜드 카운티 칼로 릴린브리지에서 태어났다. 그의 아버지는 존 틴들 시니어였고 어머니는 사라 틴들이었다.

아일랜드 경찰관으로 근무했던 아버지는 박봉을 보충하기 위해서 신발 수선을 하며 어린 존의 교육에 최선을 다했다. 시골 공립학교를 다닌 다음 개인 교사로부터 교육을 받았기 때문에, 존은 1839년 측량사와 제도사로서 아일랜드 육지 측량부에 들어갈 수 있을 만큼 수학 실력이 매우 우수했다. 그의 뛰어난 기술 덕분에 3년이 지난 후 그는 잉글랜드 육지 측량부에 차출되었다. 그러나 1843년 그는 여러 가지 이유로 측량소를 그만두고, 1844년 철도 부설 측량사로서 근무하기 시작했다. 그는 가능하면 랭커셔 주 프레스턴에 있는 기계 연구소의 강의를 들으려고 애를 썼다.

틴들은 1847년 햄프셔 주에 있는 퀸우드 컬리지에서 수학을 가르쳤지만, 그 다음해 화학과 물리학을 공부하기 위하여 독일 마르

부르크 대학교로 유학을 떠났다. 그는 열심히 공부하여 단 2년 만에 〈나선 모양의 표면의 기하학〉이란 수학 논문으로 박사학위를 취득했다. 베를린에서 잠시 머문 다음, 그는 퀸우드 컬리지로 돌아와 1853년까지 수학과 자연철학 강사로 일했다. 1853년에는 대영제국의 왕립과학연구소에서 일하게 되었다. 이 연구소는 1799년 창설된 곳으로 과학 분야와 통신 분야를 주로 연구하는 곳이었다. 이곳에서 그는 왕립과학연구소의 감독관이었던 마이클 패러데이 (1791~1867)와 절친한 사이가 되었다. 패러데이의 지도를 받은 틴들은 탁월한 강연자와 연구 과학자가 되었다. 1867년 패러데이가 죽자, 틴들은 그의 자리를 물려받게 되었다. 그는 1868년 패러데이에게 경의를 표하는 기념 회고집인 《발견자로서의 패러데이》를 썼다.

틴들은 자기학과 반자성 극성에 대한 연구를 시작했다. 그는 1850년부터 1855년까지 이러한 주제에 대해서 연구했다. 자기학은 자석과 자기 성질에 관계하는 물리학의 한 분야로서 다른 물체와의 당기는, 또는 반발하는 성질을 연구하는 것을 포함한다. 반자성은 자기의 약한 형태이다. 이것은 물질 내에 외부 자기장이 나타내는 힘의 선에 직각에 위치한다. 수정의 자기 성질, 수정질의 분자 구조, 수정의 압축 효과에 관한 틴들의 연구는 1852년 과학계에 관심을 끌었다. 이에 따라 그는 1852년 당시 최고의 권위를 가진 학술 단체인 런던학술원의 펠로로 선출되었다.

1853년 틴들은 왕립과학연구소에서 '힘의 표시에 대한 물질 집

합체의 영향에 관하여'란 제목의 초청 강연을 가졌다. 연구소 관계자들은 청중을 압도하고 과학적인 개념을 설명하는 틴들의 능력에 강한 인상을 받았다. 그들은 틴들을 다시 초청했고 3개월이 채 지나지 않아 그를 자연철학 교수로 임명했다.

빙하는 어떻게 움직이는 걸까?

1854년 틴들은 영국과학진흥협회 연례회의에 참석하고 돌아오는 도중에 펜린의 점판암 채석장을 방문하게 되었다. 여기서 그는 벽개 무늬를 관측할 수 있었다. 그는 수정에 영향을 미치는 물리적인 압력의 효과에 대한 지식을 바탕으로 점판암의 벽개를 일으키는 것이 압력이라고 추측했다. 그러자 빙하 얼음의 구조를 연구해봐야겠다는 마음이 생겼고, 이내 알프스 산맥으로 여행을 떠났다.

1857년부터 1860년까지 틴들은 빙하의 운동을 탐험했는데, 보이는 것과는 다르게 빙하 속 얼음 결정은 모두 함께 결합되어 단단한 성질을 나타내고 있음을 알게 되었다. 그렇다면 과연 어떻게 빙하들이 움직이는 것일까? 빙하는 액체와 같이 흐를까 또는 고체와 같이 미끄러질까? 빙하 얼음의 녹음과 재결빙 또는 팽창과 수축이 천천히 이동하도록 하는가?

압력에 따라 얼음의 구조와 성질을 관측하고, 측정하고, 분석하기 위해서 알프스 산맥을 여러 번 다녀온 후, 틴들은 겉보기 이동은 크레바스를 형성하는 분열과 압력의 영향으로 얼음이 녹고 다시 결빙되는 과정인 **복빙**에 의해서 일어난다고 결론짓게 되었다. 빙하 얼음은 점성을 가진다는 일반적인 이론과 대립되는 견해였다.

에든버러 출신의 제임스 데이비드 포브스(1809~1868)는 이 논쟁의 여지가 있는 틴들의 의견을 옹호하고 나섰다. 틴들은 1860년 관측 결과를 모아《알프스 산맥의 빙하》를 출판했다. 그의 관측이 확실하지는 않았지만, 그의 연구는 당시 유력한 이론을 발전시키는 데 도움을 주었다. 틴들은 산맥을 탐험하는 것을 즐겼고 1861년 바이스호른(4,515m)을 최초로 등반한 이력을 인정받아 훌륭한 등산가로서도 명성을 떨치게 되었다.

기상학의 주춧돌, 수증기

틴들의 주요 연구는 1959년부터 시작하여 거의 12년 동안 계속된 대기 기체들에 관한 것이었다. 틴들은 여러 가지 기체들의 흡수 성질을 실험적으로 측정하기 위해서, 빛의 강도를 측정하는 기계인 최초의 비율 분광 광도계를 제작했다. 그는 복사열을 흡수하고 투과하는, 색깔이 없고 눈에 보이지 않는 기체들의 능력에 깜짝 놀라게 되었다. 그의 실험으로 질소, 산소, 수소는 복사열을 투과한다는 사실을 알게 되었다.

이러한 사실은 대기 중에 많은 양을 가진 성분들은 열의 투과에 영향을 미치지 않는다는 것을 가르쳐주었다. 수증기, 이산화탄소,

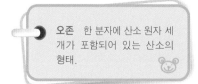

오존 한 분자에 산소 원자 세 개가 포함되어 있는 산소의 형태.

오존과 같은 아주 적은 양의 성분들이 열을 효과적으로 흡수했다. 그는 수증기가 갖는 흡수와 복사 성질은 이에 상응하는 액체와 동등하다는 것을 발견해냈는데, 이러한 발견은 중요한 사실이었다. 왜냐하면 수증기는 응결하기 때문에 수증기의 이러한 성질들을 직접 연구할 수 없기 때문이다. 그는 수증기가 가장 강력한 흡수자로서 마치 지구를 담요로 덮고 있는 작용을 하여 지상 기온에 가장 크게 영향을 미친다는 것을 알아냈다. 그는 수증기의 한 분자가 공기 한 분자보다 16,000배 이상 흡수하고 복사한다고 추정했다. 만약 대기 중에 수증기가 없다면, 지구상의 식물은 서리로 인하여 파괴될 것이었다.

틴들은 복사를 통하여 열의 손실에 의해서 일어나는 이슬과 흰 서리의 형성을 설명했다. 1863년 〈철학 잡지〉에 발표된 〈건조공기와 습윤공기를 통한 복사열의 통행에 관하여〉에서, 그는 수증기의 역할이 기상학의 주춧돌 중의 하나가 될 것이라고 설명했다. 또한 대기 중의 수증기와 이산화탄소 양의 변화가 지질학 연구에서 드러나는 역사적인 기후 변화를 설명할 수 있을 것으로 내다보았다.

이와 같은 연구를 바탕으로 틴들은 대기 내에 나타나는 온실 효과의 존재를 설명했다. 온실 안에서 파장이 짧은 태양복사는 쉽게 경사진 유리 지붕을 통과하여 이들 에너지 중의 일부는 온실 안에 흡수되고 파장이 긴 적외선 복사는 벽과 지붕에 의해서 온실 안에 갇히게 된다. 그리고 태양으로부터 복사되는 열이 대기로 들어올 때,

일부는 대기 성분과 구름에 의해서 즉각적으로 반사되어 공간으로 되돌아가고, 나머지는 대륙과 해양을 데우게 된다. 온기의 일부는 적외선의 형태로 공간으로 되돌아가지만, 적외선이 수증기와 이산화탄소와 같은 흡수 기체를 만나게 되면 공간으로 되돌아가는 과정이 붕괴된다. 이러한 흡수 기체들은 적외선이 되어 일부는 공간으로 되돌아가도록 복사하고 나머지는 열이 되어 지표면으로 되돌아간다. 다른 과학자들도 이러한 온실 현상들을 예측했지만, 틴들이 최초로 이 현상을 실험으로 증명한 것이다.

하늘은 왜 푸른가?

1869년 틴들은 빛줄기의 작은 입자들을 포함하고 있는 용액인 콜로이드 용액을 통과할 때 이들 작은 입자들에 의해서 여러 방향으로 빛을 산란시킨다는 것을 관측해냈다. 산란에 의해 우리는 옆에서도 물체를 볼 수 있다. 그러나 빛줄기를 정수가 잘된 순수한 물을 통해 통과시키면, 그 빛은 옆에서는 관측할 수 없었다. 매질로서 여과된 또는 여과되지 않은 공기를 사용할 때도 이와 비슷한 결과들이 발생했다. 그는 마침내 공기 또는 물속에 있는 입자들이 빛을 반사할 때만 빛이 보인다는 결론을 내렸다. 오늘날 우리는 이 현상을 '틴들 효과'라고 부른다.

틴들은 여러 파장의 빛을 콜로이드 용액에 통과시킴으로써 나타나는 효과들을 조사하여 이러한 연구를 계속했고, 입자의 크기가 빛

틴들 효과

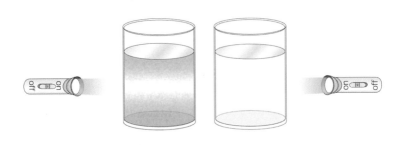

빛줄기가 비커 속의 용액을 통과하면서 부유하는 입자들을 비커 속에 남겨 놓아 옆에서 이들을 볼 수 있다.

이 산란되는 방향에 영향을 미친다는 것을 알아냈다. 파장이 짧은 빛은 파장이 긴 빛보다 더 많이 산란한다. 1871년 영국 물리학자인 레일리 경은 빛은 파장의 4제곱에 반비례하여 산란된다는 것을 계산해냈는데, 1869년 영국학술원은 틴들에게 이 연구에 대한 공적을 인정하여 럼퍼드 메달을 수여했다. 틴들은 이러한 지식을 공기 중에 있는 입자들에 의해 산란되는 빛의 양을 측정한 뒤 런던 상공의 대기 오염 정도를 결정하는 데 적용시켰다.

틴들 효과는 하늘의 푸른 색깔을 설명해준다. 지구 대기는 햇빛을 산란시키는 물질인 먼지, 분자, 분진을 포함하고 있는 콜로이드이다. 사람들이 그림자 안에서도 볼 수 있는 이유는 이러한 빛의 분산에 의한 것이다. 대기 중의 먼지 입자들은 극도로 작기 때문에, 그들은 파장이 긴 것보다 파장이 짧은 것에 간섭한다. 이런 이유로 그

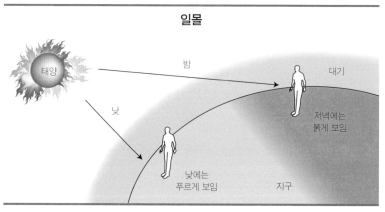

일몰

태양

밤

낮

대기

저녁에는
붉게 보임

낮에는
푸르게 보임

지구

일몰 시 햇빛이 지표면에 도달하기 위해서는 긴 거리의 대기권을 통과해야 하기 때문에, 하늘은 푸른색보다는 붉은 오렌지색으로 보이게 된다.

들은 푸른빛을 가장 많이 산란시키기 때문에 맑은 날 하늘을 푸르게 만들게 된다. 이런 날 황혼이 질 무렵, 햇빛이 지표면에 도달하기 위해서는 더 두꺼운 대기층을 투과해야 하기 때문에 푸른빛은 산란에 의해서 제거되게 된다. 일몰에는 파장이 긴 빛만이 지표면에 도달하기 때문에 붉은 오렌지색으로 하늘을 장식하게 되는 것이다.

유용한 안개 기적을 만들기 위해

1866년 패러데이가 사망한 후, 틴들은 패러데이가 가지고 있던 도선사협회와 상무부의 과학 자문역을 이어받았다. 그의 임무는 이 기관들을 감독하고 항해자들의 지원과 안전을 개선하는 것이었다. 이러한 자격을 가진 틴들은 등대 빛과 사이렌 소리가 공기를 통하여 어떻게 전송되는지를 실험했다. 소리가 어떻게 공기 속을 통해 전달되는지를 정확히 알게 되면 배에서 사용되는 더 나은 안개 사이렌을 만드는 데 도움을 줄 수 있을 것이다. 틴들은 대기 중에 존재하는 수증기의 양 또는 온도의 변동이 대기 중을 이동하는 음파에 영향을 미치는 것을 알아냈다. 때때로 여러 가지의 파장은 다르게 전파된다. 눈으로 보기에는 깨끗한 공기도 구름을 포함할 수 있기 때문에 구름은 소리의 전파를 방해한다. 따라서 그는 가장 강력한 증기 사이렌을 추천했다. 틴들은 또한 1883년 과학 자문 자리를 사임할 때까지 등대를 밝히는 데 사용된 기체 시스템에 대해서 연구했다.

자연발생설의 패배

19세기 음식물이 상하는 원인은 여전히 과학자들을 당황스럽게 만들었다. 일부 과학자들은 음식물에 구더기가 발생하고 열로 살균한 액체 수프가 오염되는 것을 보고 생물체가 무생물로부터 발생한다고 믿었다. 이 이론을 **자연발생설**이라 한다. 열이 가해진 수프가 반복적으로 더러워진다는 사실은 생물학자를 당황스럽게 했고, 많은 생물학자들은 자연발

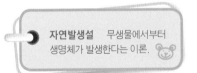

자연발생설 무생물에서부터 생명체가 발생한다는 이론.

생 이론을 비난으로부터 옹호했다. 프랑스 과학자인 루이 파스테르 (1822~1895)는 1860년대 내내 포도주 발효 과정을 망치는 미생물의 역할을 밝히는 연구를 하고 있었다. 파스테르는 수프 안에 먼지

가 들어가지 않도록 하자 수프가 상하지 않는다는 것을 보여주었다. 틴들은 파스테르의 연구에 감탄했다. 1870년대 줄곧 그는 마음속에 파스테르의 정신을 담은 채 음식물 손상의 원인을 연구했다. 틴들은 아주 미세한 필터로 공기를 여과시킨 뒤 죽은 물고기와 고기에 노출해놓고 부패로부터 보호했다. 그랬더니 미생물이 없는 공기는 박테리아 생명을 발육시킬 수 없고 음식물을 상하게 할 수 없음이 밝혀졌다. 틴들이 앞서 보여주었던 빛을 산란하는 그러한 먼지가 또한 음식을 상하게 하는 미생물을 옮겨놓는 역할도 했던 것이다. 빛줄기를 관측할 수 있는 공기는 빛을 산란하는 아주 미세한 입자들을 가지고 있는데, 그러한 공기는 광학적으로 순수하지 않으며 박테리아의 성장을 일으킨다.

틴들은 더욱 나아가 불연속적인 가열이 첫고온 가열보다 살균에 더 효과적이라는 것을 알아냈다. 온도를 올리면 맨 처음 박테리아를 죽이지만 잠복하는 박테리아성 포자들은 파괴되지 않는다. 불연속적인 가열에 의한 살균 기술의 종류를 **간헐멸균법**이라 부르며, 이는 식품 부패 방지 방법을 개선시키는 데 큰 역할을 했다.

> **간헐멸균법** 불연속적인 열처리에 의해서 포자들을 발육시켜 생장세포를 죽이게 하는 멸균 방법.

자연철학의 대중화

틴들은 과학의 대중화를 이룬 사람으로 유명하다. 그는 평생 일반 대중을 대상으로 하는 잡지나 언론 매체에 과학을 진흥시킬 수 있는 기사들을 많이 투고했다. 또한 과학의 여러 분야에 대한 지식을 가르쳐주는 책도 여러 권 펴냈는데, 예를 들면 열, 빛, 소리, 전기, 얼음, 물, 수증기, 공기에 관한 일반 물리학 책들이었다. 1872년과 1873년 동안 틴들은 미국으로 순회강연을 떠난 바 있다. 이러한 순회강연에서 많은 수익을 얻었지만, 고귀한 성품을 가진 그는 미국 과학의 발전을 위해서 강연 수익금 전액을 기꺼이 기부하곤 했다. 또 다른 기억할 만한 일은 1874년 벨파스트에서 개최된 영국 과학 진흥협회 연례회의에서 틴들이 행한 회장 취임 연설이었다. 이 연설에서 그는 진실을 연구하는 데 실험과 증명이 필요하다고 강조했다. 그리고 기도, 기적, 창조력과 같은 것을 포함하는 기독교 신앙의 비과학적인 교리를 반대했다. 벨파스트 연설에 전 세계의 교회는 틴들의 신에 대한 불경을 탄핵하기도 했다.

1854년 틴들은 오늘날 섬유광학을 이끌게 되는 최초의 광섬유를 만드는 것을 포함한 여러 과학 분야에 공헌했다. 그는 소방관용 헬멧 방독면을 고안해내기도 했는데, 이 방독면은 오염공기를 흡수하기 위하여 솜, 양털, 숯을 넣어 여러 층으로 만들어졌다. 그는 또한 **광화학** 반응을 이용하여 인공적인 하늘과 일몰을 발명했다. 왕립과학연구소에서 33년간 근무하는 동안, 왕립군사학교의 시험관으로 봉사했고, 모든 분야의 과학자 및 일반 대중을 위해 강연을 하면서 왕립광산학교의 물리학 교수로도 활약했다.

1876년 56세가 된 틴들은 루이자 해밀

광화학 화학반응을 만드는 빛의 효과에 관한 내용을 취급하는 화학의 한 분야.

턴과 결혼했다. 그들 사이에는 자식이 없었지만 틴들이 죽을 때까지 행복한 결혼 생활을 했던 것으로 전해진다. 1885년 이후 그들은 잉글랜드 서리 주 해즐미어 근처 힌드헤드의 집에서 대부분의 시간을 보냈다. 1887년 틴들은 건강이 악화되어 왕립과학연구소의 감독관 직을 은퇴했다. 그는 장기간 지속된 불면증 때문에 치료제인 클로랄을 너무 많이 먹어 사망하고 말았다. 그때가 1893년 12월 4일, 그

의 나이 73세였다.

그는 일생 동안 광범위한 과학 주제를 담은 중요 저서 16권과 180편의 실험 논문들을 발표했다. 그는 다섯 개의 명예 학위를 취득했고, 서른다섯 개의 과학 단체에 가입했으며 세균학과 해양 항법에 가장 뚜렷한 공헌을 했다. 그중 반자성과 기계적 압력에 관한 그의 연구는 아직도 고체 상태와 응용 물리학에서 적용되고 있다.

복사열의 투과와 흡수, 온도와 기후에 영향을 미치는 대기 중의 수증기의 영향에 관한 그의 연구는 기상학에 직접 영향을 미친 것이었다. 틴들의 생애를 다룬 기록물들은 훌륭한 강연자이자 과학을 진흥시킨 사람으로 강조하고 있다. 또한 그는 대기와 기후 연구의 선구자로도 알려져 있다.

온실 이론의 아버지

    화학자인 스반테 아레니우스는 1859년 2월 19일 스웨덴의 웁살라 부근 비크에서 태어났다. 그는 1903년 전기분해의 이론을 개발한 공로를 인정받아 노벨 화학상을 수상했다. 그 이론은 1884년 웁살라 대학교에서 받은 박사학위 논문에서 그가 최초로 제시한 것이었다. 그는 전해물이 물에 녹을 때 전기분해 동안 전류를 흐르도록 전해질이 양과 음의 전하로 분리된다고 주장했다. 그리고 후에 삼투압, 녹는점, 용액의 끓는점에 미치는 전해질의 해리의 영향과 해리된 이온들의 생물학적 결과들을 보충해주었다.

    아레니우스는 우주물리학, 지구, 해양, 대기의 물리학을 포함한 여러 물리학 분야에 관심을 가지고 있었다. 그는 틴들의 연구에서 증명된 대기 중의 미량 원소들의 중요한 역할에 주목했다. 1895년 아레니우스는 이산화탄소 양의 변화가 빙하의 전진과 퇴각과 관련된다는 주장을 담은 논문을 스톡홀름 물리학회에 제출했다. 그 다음 해 〈철학 잡지〉에 실린 〈지면의 온도에 따른 공기 중의 탄산의 영향에 관하여〉란 논문에서 그는 미량 대기 성분의 대단히 작은 변화가 지표면에 도달하는 열에너지의 전체 양에 영향을 미친다고 주장했다. 그가 설명한 모델은 지질학자가 결정한 간빙기와 빙하시대의 시작을 설명하는 것이었다. 대기 중의 이산화탄소의 양은 화석 연료의 연소에 의해서 증가한다는 점을 주목하여, 그는 기후의 이산화탄소의 이론을 설명했고 대기의 온실 이론을 도입했다. 그는 대기의 온실 효과를 고려하지 않으면 지구의 평균 기온은 약 $-73°$가 된다고 계산했다. 이 온도는 해양 전체를 결빙시키기에 충분할 정도로 낮다. 그의 연구 때문에 그를 '온실 이론의 아버지'라고 부른다. 아레니우스는 1905년 스톡홀름 근교에 있는 노벨물리화학연구소의 소장이 되었다. 그는 이 연구소에서 1927년 10월 2일 죽을 때까지 머물렀다.

연 대 기

1820	8월 2일 아일랜드 카운티 칼로 릴린브리지에서 출생
1839~42	측량사와 제도사로서 아일랜드 육지 측량부에서 근무
1842~43	잉글랜드 육지측량부에서 근무
1844~47	영국 철도 부설 공사에 참여
1847	햄프셔 주에 있는 퀸우드 컬리지에서 수학을 가르침
1848	독일 마르부르크 대학교에 입학
1850	마르부르크 대학교에서 수학 박사학위 취득. 반자성과 수정의 자기 광학 성질에 관해서 연구 시작
1851~53	수학과 자연철학의 강사로 퀸우드 컬리지에 복귀
1853	왕립과학연구소의 자연철학 교수직 수락
1857~60	빙하 운동 연구

1859~70	복사열과 대기 기체들에 관해 연구
1866~83	도선사협회의 과학 자문으로 해양 항해의 안정성 감독
1867	패러데이의 뒤를 이어 왕립과학연구소의 감독관이 되었고, 소리 연구 시작
1868~71	대기 중의 빛의 분산 연구
1869	큰 분자와 먼지에 의한 빛의 분산 현상인 틴들 효과를 설명함으로써 하늘이 파란 이유가 설명됨
1870~81	자연발생설과 살균 기술을 연구. 음식은 광학적으로 순수하지 않은 공기 내에서만 상한다는 것을 보여줌. 이것은 자연발생 이론과는 반대되는 증거가 됨
1887	왕립과학연구소를 은퇴하여 명예교수가 됨
1893	12월 4일 서리 주 힌드헤드에서 진정제 과용으로 사망

일반 대중에게
매일 날씨를 통보해주는
기관을 설립한
클리블랜드 애비

Chapter 8

미국 최초의 날씨 예보관,

클리블랜드 애비

Cleveland Abbe
(1838~1916)

날씨 통보의 네트워크 설립

미국에서 발행되는 대부분의 신문 1면에는 그날의 날씨를 예보하는 짧은 안내문이 있고, 안쪽 면에는 다가오는 주일 동안 예상되는 기온과 강우량을 자세하게 설명해주는 난이 있다. 운동 경기와 가족 나들이뿐만 아니라 농사와 군사작전 등 모든 활동은 국립기상대가 예보하는 상황에 따르게 된다. 기상학자들은 이미 그때그때의 대기 조건들을 일기도에 기입했고, 해군과 심지어 농사꾼까지도 날씨와 관련된 자료를 수집하여 책력을 만들었지만, 1869년까지 매일 국지 기상을 예보하는 알림판은 등장하지 않았다. 기상예보 알림판을 만든 사람은 '미국 최초의 날씨예보관' 또는 '오래된 일기예보'란 별명을 가진 클리블랜드 애비 교수였다. 애비는 기상학과 기후학의 지식을 발전시키고, 날씨 통보 기관의 네트워크를 설립하는 데 일생을 바친 기상학자였다.

천문학자의 꿈

클리블랜드 애비는 1838년 12월 3일 미국 뉴욕 주 뉴욕 시에서 아버지 조지 발도 애비와 어머니 샬럿 콜게이트 애비 사이에서 7남매의 맏이로 태어났다. 그의 아버지는 관대한 사람으로, 건조 물품을 판매하는 상인이었다. 그는 미국 성서연합을 창설하는 데 도움을 주었다. 열두 살 때 공립학교에 입학한 클리블랜드는 선생님의 전기와 뇌우에 관한 실험을 본 후 기상학에 관심을 갖게 되었다. 1851년 뉴욕 프리 아카데미(현 뉴욕시티 컬리지)에 입학하여 수학, 화학, 물리학을 배우면서 과학 분야에 눈을 뜨게 되었다. 그는 학교에 있는 망원경을 이용하여 지붕 위에서 별을 관찰하는 것을 좋아했다. 하지만 도시 하늘을 뒤덮고 있는 연기와 열이 그의 천문 관측을 방해하자 망원경을 가지고 코네티컷 주 윈드햄에 있는 할아버지 농장으로 갔다.

1857년 뉴욕 프리 아카데미에서 문학사 학위를 받은 후, 뉴욕 시에 있는 트리니티 그래마 스쿨에서 수학을 가르치면서 석사학위 과정을 위한 학비를 벌었다. 그는 1860년 석사학위를 취득했다. 애비의 아버지는 그가 수학 교사가 되기를 희망했으나, 그 당시 애비는 천문학자가 되기로 마음먹었다. 1859년부터 1864년까지 그는 미시간 대학교에서 천문학을 전공했고, 이 기간 동안 미시간 주립 농업대학(현재 미시간 주립대학)과 미시간 대학교에서 토목공학을 가르쳤다.

1860년부터 1864년까지 애비는 하버드 천문대에서 미국 연안 측량부가 사용할 수 있는 전신기용 경도를 계산하는 그의 최초의 천문학 작업을 수행했다. 매사추세츠 주 케임브리지에 머물게 되었을 때 그는 하버드 대학원에서 명성 높은 박물학자 루이 아가시가 가르치는 강좌를 들었다. 루이 아가시는 빙하시대의 존재를 뒷받침하는 빙하를 연구한 사람이다. 1861년 남북전쟁이 발발했을 때, 애비는 군대에 입대하고자 했으나, 악성 근시로 인해 입대가 거절되었다. 1861년 영국 자연사학회는 그를 정회원으로 선출했다.

천문대의 수장이 되어 이룬 쾌거, '매일 날씨 알림판'

1864년 12월 애비는 니콜라스 중앙 천문대에서 천문학을 공부하기 위해 러시아 풀코보로 출발했다. 풀코보는 작고, 춥고, 농노들이 생활하는 마을이었기 때문에 상점이나 우체국조차도 없었다. 그는 천문학을 공부하고 특수 기계들의 사용법들을 배우는 것 말고는 아무것도 할 것이 없었다. 그의 생애를 통틀어 이 시기가 가장 지루

한 시기였지만, 애비는 그가 배운 모든 것들이 미국으로 돌아갔을 때 미국 천문학을 발전시킬 수 있을 것이라 믿어 의심치 않았다. 그는 원래 풀코보 천문대에 7년간 머물고자 계획을 세웠으나 1866년 말 무렵 고향으로 돌아왔다.

천문대 대장 직책을 찾고 있던 시기에 잠시 해군 천문대와 함께 일하기도 했다. 1868년 당시 여섯 번째 큰 망원경을 가지고 있던 오하이오 주 신시내티 천문대가 그에게 대장직을 제의해오자 그해 6월에 대장직을 받아들였다. 신시내티 천문대는 1859년부터 대장직을 두지 않았으며, 매우 낡아서 수리를 해야 할 지경이었다. 게다가 이곳은 매년 〈항해력 및 천체력〉에 인쇄되는 전 세계 주요 천문대 명단에서조차 빠져 있는 실정이었다.

애비는 처음 몇 주 동안 지붕이 새는 곳을 수리하고 깨진 창문을 보수하는 등 주요 부분들을 손보면서 보냈다. 만족할 만한 상태로 건물을 복구하고 나자 건물을 개선하고 현대 천문 연구를 위한 장비를 구입하는 데 많은 돈이 필요함을 깨닫게 되었다. 만약 그런 돈이 있다고 하더라도, 천문대가 위치하고 있는 곳이 연기로 가득 찬 도시의 중심부에 있어 항성 관측을 방해했기 때문에 천문대로서는 매우 좋지 않은 환경을 가지고 있었다.

천문대 운영위원회에 제출한 대장 취임 보고서에서, 애비는 천문대에서 기상대로 기능을 전환해줄 것을 제안했다. 그 이유로 기상대는 재정 지원이 적어도 가능하고, 시민들에게 유용하며, 수익성이 더 좋기 때문에 천문대의 명성을 개선시킬 수 있을 것이라고 주장했다. 애비는 기상학에 관심을 가지고 있었는데, 특히 〈월간 수학〉에 실린 윌리엄 페렐의 유명한 논문 〈지구 표면에 상대하는 유체와 고체의 운동〉을 읽은 후 기상학에 대한 관심이 뜨거워졌다. 페렐의 획기적인 논문에는 지구 자전의 중요한 효과를 포함하여 대기 대순환을 수학적으로 설명해놓고 있었다. 이 논문으로 인해 애비는 과학자들이 대기의 복잡한 메커니즘을 밝힐 수 있을 것으로 확신했다.

애비가 작성하여 운영위원회에 제출한 계획서에는 전국 기상 관측자로부터 보내온 전보를 매일 날씨 알림판으로 편집하는 사항도 들어 있었다. 전보로 보내온 날씨 예보는 농작물에 피해를 주거나 심한 조난 사건을 일으킬 수 있는 가능성을 판단하는 데 도움을 주었다. 1869년 8월 7일 개기일식을 관측하기 위해서 남북 다코다 주로 관측을 다녀온 것을 제외하면, 애비는 천문대를 기상대로 바꾸기 위해 매우 바쁜 나날을 보냈다. 그는 융자를 받았고, 측기를 기부받았으며, 신문사와 지역 인사들 그리고 학교와 긴밀하게 접촉했다. 그는 책을 수집하기 시작했고 오하이오 계곡을 위한 기상연합을 결성했다.

애비는 하루에 한 번 날씨를 예상하고자 노력했다. 기상학자들은 폭풍이 미국을 가로질러 동쪽으로 이동하게 되면 온도와 습도는 증가하고, 폭풍이 접근하게 되면 기압이 감소하며, 폭풍의 중심으로 바람이 부는 것 등은 알고 있었다. 미국 내의 여러 장소에서 날씨 상태에 관한 정보를 조합하게 되면, 폭풍이 오고 있는지, 언제 도착할 것인지, 어느 정도 위험한지를 알아낼 수 있을 것이었다. 이러한 사실을 몇 시간 전에만 알아도 생명과 재산을 구할 수 있지 않겠는가.

1869년 9월 1일, 이날은 열네 개 지점에서 관측하는 기상관측자로부터 국지 날씨 상태를 전보로 통보받도록 약속한 날이었다. 통보받을 자료는 기압 값, 온도, 습도, 바람의 방향과 힘, 구름의 모양과 구름 이동 방향, 비와 눈의 양, 대기의 일반적인 상태 등을 포함하고 있었다. 비록 두 개 지점에서만 약속된 날씨 통보가 제시간에 도착했고, 한 개 이상은 그날 늦게 도착했지만, 애비는 낙관적으로 생각했다. 그는 첫째 주에 '매일 날씨 알림판^{Daily Weather Bulletin}'을 손으로 썼다. 일주일 안에 몇 개 지점의 자원관측자들이 날씨 통보를 하기 시작했고, 최초로 인쇄된 날씨 알림판이 1869년 9월 8일 신시내티 상공회의소 게시판 위에 붙여졌다. 상공회의소는 이 프로젝트를 3개월간 지원해주었다. 그러는 동안 스물두 개 지점에서 날씨 통보를 정기적으로 보내주었고, 관심을 가진 단체들도 구독 예약을 제안했다. 애비는 서부 유니언 전신회사로부터 하루에 두 번 무료로 전보를 받을 수 있게 해달라고 간청했으며, 지역 신문에 날씨 알림판을 게재하는 비용을 부담해줄 수 없는지 간곡히 부탁했다.

그해 12월 1일, 신시내티 기상대는 더 이상 '매일 날씨 알림판'을 인쇄하지 않게 되었지만, 아침 신문에는 계속 올라왔다. 시간이 지남에 따라 날씨 통보는 개선되었고, 보스턴, 뉴올리언스, 찰스턴, 밀워키를 포함한 서른세 개 지점으로부터 바람 및 온도와 관계된 정보를 받게 되었다. 서부 유니언 전신회사는 매일 날씨 통보와 일기도를 편집하는 임무를 떠안게 되었다. 1870년 2월 22일 애비는 일반

애비의 일기도

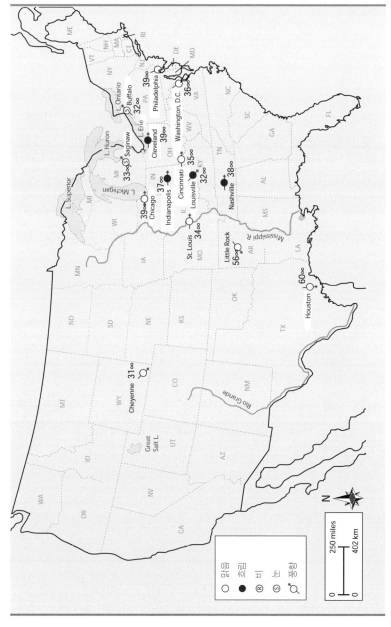

미국 전역에 분포하는 여러 도시로부터 제공된 온도, 강수, 바람과 같은 기본 정보를 나타낸 애비의 일기도.

클리블랜드 애비 183

대중에게 최초의 일간 일기도를 출판했다. 애비는 일기도 상에 원으로 통보하는 도시들을 표시했으며, 강수, 풍향, 온도를 나타내는 기본 기호들을 사용했다.

국립기상대의 창설

신시내티 날씨 통보는 특히 농부들에게 유용했다. 농부들은 언제 서리가 내릴지, 그날의 온도는 어떤지를 예상할 수 있어 큰 도움이 되었다. 또한 그러한 정보는 해양 재해를 예방하는 데도 유용하게 쓰였다. 1869년 미국에서는 1,914건의 해상 사건이 발생하여 209명이 목숨을 잃었고, 400만 달러의 재산 피해를 입었다. 애비의 '매일 날씨 알림판'이 유용한 것으로 판명이 나자, 1870년 2월 9일 정부는 육군 통신대의 지휘를 받는 기관으로 날씨 관측 시스템을 구축하도록 하는 국립기상대 법안을 통과시켰다. 새롭게 제안된 기상대는 미국 내에 있는 군 관측소로부터 기상 정보를 수집하고 대서양 연안 지방과 북부 호수 지방에 폭풍의 접근과 세기를 전보로 통보하는 임무를 가지고 있었다.

법안이 국회에 통과되어 대통령의 서명을 받는 데는 2개월도 채 걸리지 않았지만, 육군 통신대는 날씨를 예보하는 새로운 임무를 즉각적으로 준비하지 못했다. 1971년 1월 육군 통신대 대장인 앨버트 마이어(1829~1880) 장군은 일반 대중들에게 날씨 예보를 사용하도록 한 유일한 사람인 애비를 민간보좌역으로 지명했다. 탁월한 지식과 최상의 끈기를 지닌 클리블랜드 애비, 그가 바로 '기상국 Weather Bureau'을 창설한 것이다. 이것은 현재 '국립기상대National Weather Service; NWS'로 불리고 있다.

날씨 예보의 중요성을 잘 모르던 시절, 그는 체계적인 이론과 실험 연구를 지원하기 위해서 국방부에 자금 지원을 요청했다. 그는 많은 반대에 직면했지만, 자신이 중요하다고 믿었던 것을 위해서 지속적으로 싸웠다. 육군 통신대는 기상 연구에 적합한 대학 졸업생들의 명단을 작성하여 채용하기 시작했고 그들에게는 일상 업무를 경감시켜 주었다. 그들은 연구실을 개설했는데, 이곳에서 애비와 여러 교수들이 강의를 할 수 있었고 다른 기상학자들의 도움을 받아 여러 문제점들을 해결할 수 있었다. 군 당국은 과학 연구가 성공하여 이것을 적용하기 위한 필수적인 요구조차도 이행하지 않았지만, 애비는 기상국의 과학 연구를 옹호했다. 1891년 7월 1일 상원은 전쟁성 육군 통신대에서 수행하던 기상 업무를 농무성의 연방 기상국으로 옮기도록 했고, 애비를 기상학 교수로 임명했다.

시간에 대하여…

애비는 온도계, 기압계, 여러 가지 측정 기계에 대한 기상국 표준을 마련하여 최종적으로 국가 표준을 실정하기 위해 애썼다. 그러나 그가 가장 노력한 것은 표준시를 설정하는 것이었다. 1868년 애비는 기준에 맞는 시간을 신시내티 시 당국에 제공했다. 관측자들이

그에게 보내는 국지 날씨 통보도 기준에 맞는 시간으로 보내져야만
했지만, 복잡한 사정으로 인해 도시 자체 시간을 따르고 있었다. 그
는 이것 이외에도 열차 시간표, 전보 전송 시간, 대중 편의 시설 이
용 시간에도 이러한 문제가 일어날 것으로 인식했고, 상원에 국가
전체가 사용할 수 있는 표준시 법을 통과시켜 달라고 요청했다. 그
는 미국 기상학회장인 프레드릭 바너드(1809~1889)에게 표준시
설정에 관한 대중적인 관심을 끌어낼 수 있게 도와줄 것을 요청했

고, 이에 대해 바너드는 애비를 표준시 제정 특별위원회 위원장으로 임명했다.

1879년 애비는 시작점으로 그리니치를 지나는 자오선을 설정하여 시간 차이를 나타내는 표준시를 제안하는 보고서를 제출하게 된다. 잉글랜드에 있는 그리니치 왕립 천문대를 **본초자오선**에 위치하도록 설정한 것이다. 본초자오선은 경도가 0인 자오선에서 남북으로 지나가는 가상의 선이다. 그

> **본초자오선** 경도가 0도인 자오선으로 이를 기준으로 경도를 결정한다.

는 매 15°에 1시간의 차이가 나도록 제안했다. 왜냐하면 하루는 24시간이고 전 세계 둘레의 각은 360°이기 때문이다(24×15＝360). 애비는 또한 이러한 표준시 제정을 광고하기 위해 〈뉴욕 트리뷴〉지의 편집자에게 편지를 보내 알렸다. 한편 1880년에는 캐나다 태평양 철도회사의 수석 공학자 샌퍼드 플레밍이 미국 기상학회 표준시 제정위원회 위원장인 애비에게 제정된 표준시의 사용을 허락해줄 수 없겠냐는 편지를 보내왔다. 호의적인 성격의 애비는 플레밍에게 사용을 허용한다는 답장을 보냈다. 1884년 10월, 드디어 국제적으로 그리니치 자오선이 표준시를 결정하는 기준점으로 받아들여졌다.

미국이 낳은 훌륭한 공무원

애비는 1873년 미국 기상국이 발간하는 〈월간 날씨 리뷰^{Monthly}

Weather Review〉지를 창간한 후 1893년부터 1916년까지 편집인을 맡았다. 지금까지도 미국 기상학회에서 발행되고 있으며, 선도적인 기상학 저널로 자리매김한 이 저널은 3천 개 이상의 기상관측소에서 보내온 기상자료를 편집한 일기도, 그림, 표 등을 싣고 있다.

애비는 기상학에 대한 지식이 방대했기 때문에, 논문들이 과학적으로 정확한지, 완벽한지, 타당한지를 확인하는 임무도 수행해야만 했다.

여러 사람들에게 기상학을 배울 기회를 제공하는 것이 무엇보다 중요하다고 생각한 애비는 컬럼비안컬리지(현 조지 워싱턴 대학교)와 존스 홉킨스 대학교에서 대중을 위한 강의를 열었다. 또한 워싱턴 철학학회 결성을 도왔고, '국립지리학회'와 '워싱턴 인류학학회'의 초기 회원이기도 했다. 그는 기상 측기, 측정 방법, 온도계와 기압계의 표준, 광량계, 기후, 장기 날씨 예보, 유명한 기상학자의 전기 등에 관한 책들도 여러 권 펴냈다.

상층 대기에 관해서 관심을 갖게 된 애비는 1867년 바람을 연구하기 위해 기상 연을 사용하기 시작했다. 그는 1872년 기상 관측을 위한 기구 상승을 단독으로 실행하도록 육군 통신대에게 권했다. 1890년대 애비는 기상국을 위해서 기상 연 날리기를 체계적으로 연구했는데, 온도, 기압, 습도, 풍속과 같은 기상자료를 수집하는 기구를 부착한 적합한 형태의 연을 개발해냈다. 애비의 도움을 받은 기상국은 오대호 주변, 미시시피 강 상류, 미주리 계곡 북부에 열일곱 개 기상 연 관측소를 설립할 수 있었다. 1898년 5월에서부터

10월 사이 1,217번의 기상 연 날리기를 통해 얻어진 자료들을 이용하여, 그는 전형적인 대기 상태를 나타내는 매개변수를 결정할 수 있었다. 1907년 기상국 소속 마운트 기상관측소는 직렬로 연결한 여덟 개의 연을 사용하여 해발고도 7,000m까지 도달하도록 했다.

애비는 신시내티 천문대 대장으로 취임하여 근무를 시작한 지 얼마 되지 않아, 비서로 프랜시스 마서 닐을 고용했다. 그녀는 애비의 노트와 편지를 필사했고, 자선사업에 많은 시간을 바쳤다. 결국 두 사람은 1870년 5월 10일 결혼해 아들 셋을 두었다. 마서 애비는 1903년 당뇨병 진단을 받았고, 1908년 사망했다. 그 다음 해 70세의 애비는 마거릿 아우구스타 퍼시벌과 재혼했다. 그녀는 애비가 1916년 10월 28일 피부암 합병증으로 메릴랜드 주 체비 체이스에서 사망할 때까지 그를 돌보았다. 그는 워싱턴 D.C.에 있는 록 크리크 공동묘지에 묻혔다. 1916년 11월 3일 기상국은 그를 애도하여 조기를 게양했다.

애비는 최소 39개의 과학 및 교육 단체의 회원이었고, 여러 개의 명예학위를 수여받았으며, 290편의 논문을 썼다. 그의 친구와 동료들은 우호적인 성격과 항상 남을 돕고자 하는 희생정신을 가진 사람으로 애비를 기억하고 있다. 그는 수백 권의 책을 워싱턴 공립 도서관에 기증했고, 그의 개인 도서관의 많은 책들은 존스 홉킨스 대학교로 기증되었다. 1906년 미국 철학학회는 프랭클린 메달을 수여했고, 1912년 영국 왕립기상학회는 학회의 최고 명예 상인 시먼스 기념 금메달을 수여했다. 1916년 국립과학원은 과학 지식을 일반 대중에게 전파한 그의 업적을 기려 마르켈루스 하틀리 금메달을 수여했다. 그해, 신시내티에 신축된 기상국 건물은 그에게 헌납되었고, 그의 이름을 따서 애비 기상대로 불렸다. 오늘날 미국 기상학회는 애비를 기리기 위해 클리블랜드 애비 상을 만들어 대기과학에 봉사한 훌륭한 개인에게 수여하고 있다.

현재 미국은 애비가 노력한 결과를 누리고 있다. 신문에 국지 날씨 예보를 제공하도록 한 그의 초기 노력은 다름 아닌 국지 날씨 통보를 애비에게 전송해야 했던 자원관측자들을 설득하는 일이었다. 매일 성공적으로 날씨를 통보하는 것과 그의 낙천적인 인내심으로 인해, 상원은 전 세계에서 가장 중요한 날씨 통보 기관인 국립기상대를 설립하는 데 인준한 것이다. 애비는 날씨 예보를 연구했을 뿐만 아니라 표준시 제정, 기상학 교육, 선구적인 일기도 분석, 학술 저널과 여러 백과사전의 편집인 등 다양한 분야에서 활동했다. 오하이오 기상국을 설립한 오하이오 주립대학교 물리학자인 토머스 코윈 멘덴홀(1841~1924)교수가 국립과학원에서 의뢰한 험프리 기념 전기에 다음과 같은 이야기를 남겼다.

"1869년 신시내티 천문대에서 서부 유니언 전신회사로부터 매일 몇 번의 전보를 받은 것으로 시작된 국지예보는 수천 명의 관측자를 가진 정부기관에서 모든 도시와 촌락까지 대중화되었으며 하루에 한 번 신문에 인쇄되던 것이 하루 두세 번씩 인쇄되는 것으로 바뀌었다. 뿐만 아니라 전화, 인터넷 또는 다른 매체를 통해 산골 마을까지 연간 수백만 달러의 재산 피해를 입히는 폭풍, 서리, 홍수를 미리 경보하여 피해를 막게 함으로써 농업 기상학 분야가 중요하다는 것을 인식하도록 했다. 이러한 점을 종합해보면 미국이 클리블랜드 애비만큼 훌륭한 공무원을 가지고 있었는지 의문을 갖지 않을 수 없다."

시간 측정

기준에 맞는 시간으로 날씨를 통보하는 것은 클리블랜드 애비에게 있어서 어려운 문제였다. 그래서 폭풍이 접근하는 시간 또는 농작물에 발생한 서리가 녹는 시간을 일광의 시간 수로서 추정했다. 애비는 전국에 통용되는 표준시를 정하기 위한 노력으로 어떻게 여러 도시들의 관측자들이 기준에 맞는 시간을 정할 수 있는지에 대해서 가르쳤다. 시간은 어떻게 결정되고 측정되는가? 고대 바빌로니아 사람들은 하루를 햇빛이 비치는 12시간과 햇빛이 비치지 않는 12시간을 합하여 24시간으로 나누었다. 그들은 또한 한 원의 각도를 360으로 나누었다. 그리고 후에 1°(도)는 60′(분)으로 나누었다. 시계 제조자들은 이러한 구분에 따라 1′을 60″(초)로 나누었다.

> **천구자오선**   하늘을 통해 지나가는 가상적인 곡선으로 지구가 지축을 따라 회전하면서 매일 한 번 정오에 이 선을 통과한다.

천구자오선은 하늘을 통해 지나가는 가상적인 곡선이고 태양을 사용하여 시간을 측정하는 데 도움을 준다. 지구는 지축을 중심으로 자전하기 때문에 태양이 임의 장소에 하루에 한 번 천구자오선 위를 건너가는 시간을 정오라 한다. 자정은 12시간 후로 정의된다. 시간을 측정하는 데 천구자오선을 사용하는 방법에서 복잡한 일은 지구의 자전축이 경사져 있기 때문에 하루의 길이, 지구 공전 궤도의 타원 모양, 공전 궤도 속력이 매일매일 변동한다는 것이다. 그래서 천문학자들은 가상적인 평균 또는 평균 태양을 사용하여 이러한 복잡성을 조정했다.

항성시는 지구가 움직일 때 항성의 겉보기 운동에 의해서 측정되는 시간이다. 항성일은 태양일보다 4분 정도 짧다. 사람들은 또한 시간을 측정하기 위하여 매달 29.5일 정규적인 주기로 보름달이 나타나는 시간을 사용할 수 있다.

항성시 별의 겉보기 운동에 의해서 측정되는 시간.

연 대 기

1838	12월 3일 뉴욕에서 출생
1857	뉴욕 프리 아카데미에서 문학사 학위를 받음
1857~58	뉴욕 트리니티 그래마 스쿨에서 수학 튜터로 근무
1859~60	미시간 대학교에서 천문학을 공부하면서 미시간 농업 대학과 미시간 대학교에서 공학을 가르침
1860	뉴욕 프리 아카데미에서 문학 석사학위를 받음
1860~64	매사추세츠 주 케임브리지에서 전신기용 경도 결정을 수행
1865~66	러시아 풀코보에 있는 니콜라스 중앙 천문대에서 연구
1867	미국 해군 천문대에서 근무
1868	신시내티 천문대 대장이 됨
1869	매일 날씨 알림판을 시작함

1871~91	미국 육군에 의해 워싱턴 D.C.에 있는 육군 통신대 본대의 기상학 교수와 민간 보좌역으로 채용
1884	컬럼비안컬리지에서 기상학 교수로 근무
1891~1916	농무성 소속 연방 기상국에서 기상학 교수로 근무
1896	존 홉킨스 대학교에서 기상학 강의 시작
1916	건강상의 이유로 은퇴
1916	10월 28일 메릴랜드 주 체비 체이스에서 피부암으로 사망

> 일기예보의
> 과학적 기초를 확립한
> 빌헬름 비에르크네스

Chapter 9

현대 기상학의 아버지,

빌헬름 비에르크네스

Vilhelm Bjerknes
(1862~1951)

대기 중 기단의 움직임을 연구하다

날씨에 관한 이야기는 수천 년 전에도 아침 식탁에서 빠지지 않는 대화거리였지만, 20세기까지도 학교 강의실이나 대학교 실험실에서는 이에 관한 논의가 이루어지지 않았다. 빌헬름 비에르크네스는 노르웨이의 물리학자로서 공기의 움직임과 날씨 예보의 정확성을 향상시킨 인물이다. 그는 정역학과 **열역학**을 날씨를 설명하는 기상학에 적용시켰고, 성질이 다른 두 기단이 만나는 **전선**에서의 기단들의 행동을 설명했다. 그가 활동하던 노르웨이 베르겐은 저기압의 발생과 소멸을 나타내는 모델을 만드는 기상 연구의 중심지가 되었다. 그의 연구 결과들은 이론과 실용 대기과학의 기초가 되었기 때문에 오늘날 그를 현대 기상학의 아버지라고 부른다.

열역학 에너지의 여러 가지 형태를 연구하는 과학의 한 분야.

전선 성질이 다른 두 기단 사이에 나타나는 경계.

3대에 걸친 과학 사랑

빌헬름 프리만 코런 비에르크네스는 1862년 3월 14일 노르웨이 크리스티아니아(현재 오슬로)에서 아버지 카를 안톤 비에르크네스 (1825~1903)와 어머니 알레타 코런 사이에서 태어났다. 그의 아버지는 전자기 연구와 유체를 통한 힘의 전달에 대해서 연구한 수학자 겸 물리학자였다. 1880년 빌헬름은 크리스티아니아 대학교에 입학하여 수학과 물리학을 공부했고, 그의 아버지와 공동으로 연구를 하기 시작했다. 그리고 1887년에는 과감히 석사학위를 위한 자신만의 연구를 시작했다.

1888년 과학 석사학위를 받은 후, 빌헬름은 파리로 유학할 수 있는 특별연구비를 받았다. 그는 파리에서 프랑스 수학자인 줄 앙리 푸앵카레(1854~1912)가 개설한 전류를 연구하는 **전기역학**에 관한 강의를 들었다. 프랑스 파리로부터 독일 본으로 옮겨 간 그는 독일 물리학자인 하인리히 헤르츠

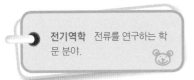

전기역학 전류를 연구하는 학문 분야.

(1857~1894)의 조수가 되었다. 이때 헤르츠는 19세기 중반 잉글랜드 물리학자인 제임스 클러크 맥스웰(1831~1879)이 예측한 전자기 파동의 존재를 증명해내 큰 관심을 받고 있었다. 이 발견으로 인하여 빌헬름의 아버지는 얼마간 떨어진 거리에서의 전자기 힘에 관한 연구를 포기해야 할 형편이 되었다. 전자기 힘은 거리가 떨어져 있으면 작용하지 않는 반면 매질 속의 한 점에서 다른 점까지를 파동으로 이동하기 때문이다. 빌헬름과 헤르츠가 수행한 전기 공명에 관한 연구는 무선 전파 통신 개발에 필수적인 것이었다. 더욱더 공부하기 위해 비에르크네스는 노르웨이로 돌아왔고 1892년 크리스티아니아 대학교에서 물리학으로 박사학위를 취득했다. 그 다음 해, 스톡홀름 광산학교에서 강사로서 응용수학을 가르쳤고, 1895년 스톡홀름 대학교 응용역학과 수리물리학 교수로 지명되었다.

1895년 빌헬름 비에르크네스는 호노리아 본네비와 결혼하여 네 아들을 두었다. 훗날 장남인 야곱 알 본네비 비에르크네스(1897~1975)는 그의 아버지 빌헬름의 뒤를 이어 존경받는 기상학자가 된다.

물리 유체역학에 집중하다

스톡홀름에 도착한 지 얼마 되지 않아, 그는 **유체역학** 연구에 집중했다. 유체역학은 유체의 운동과 유체에 의해 발휘되는

유체역학 유체에 의해서 가해지는 힘과 유체의 운동을 다루는 과학의 한 분야.

힘을 연구하는 과학의 한 분야로서, 아버지의 가르침을 받아 이미 연구를 시작했던 것이다. 그는 매질을 통해 한 지점에서 다른 지점으로 에너지를 전달하는 요란 현상인 파의 전파에 의한 전자기 힘의 전달에 대해 새로운 전문 지식을 유체역학으로 옮겼다. 유체 내에서 만들어지는 운동은 무엇인가? 그리고 유체 내의 거리를 가로지르는 힘의 전달에 미치는 역학적인 기본 원리는 무엇인가? 그는 밀도가 다른 유체에 의해 둘러싸인 유체의 물체를 추측했다. 고전적인 이론은 기압 차이로 인해 나타나는 유체 시스템 내의 여러 가지의 밀도들의 분포를 설명했지만, 비에르크네스의 연구에 의하면 밀도 차이는 내부 유체 물체와 주변 매질 사이의 경계에서 원 모양의 운동인 **소용돌이**의 생성을 일으켰다. 그의 결론은 이미 언급된 이 같은 운동이 압축성 유체 내에서 보존된다는 기존 이론을 반박하

소용돌이 회오리바람과 같이 원 운동을 하는 유체의 집단.

는 것이었다. 비에르크네스는 밀도 분포가 압력 차이에 의해서 이루어진다는 것을 설명하는 고전 이론을 면밀히 검토하여, 성질이 다른 유체 내에서는 온도와 성분 차이도 역시 밀도 분포에 영향을 미친다는 것을 깨닫게 되었다. 1897년 그는 이러한 깨달음에 따라 열역학 인자들을 포함하는 원리를 가진 새로운 순환 이론의 정리를 유도하기에 이른다.

비에르크네스는 이러한 수학적인 방정식들을 세계에서 가장 큰 유체 시스템(대기와 해양)에 적용시켜 물리 유체역학에서 그의 순환 이론이 유용하다는 것을 보여주었다. 해양인 경우, 온도와 염분이

밀도에 영향을 미치고, 대기에서는 온도와 습도가 밀도에 영향을 미쳐 움직임이 일어나도록 한다. 놀라운 일은 열에너지는 결코 대기의 순환에 관여하지 않는다는 것이다. 공기는 단순히 대기 중 기체들의 혼합물이기 때문에 자연 물리법칙들은 공기의 움직임에 영향을 주고 열역학을 적용시키면 공기의 운동을 설명할 수 있다. 태양으로부터 복사되는 열에너지는 지구 대기 내의 분자들을 움직이게 하고, 대기 분자들이 운동함에 따라 서로서로 비비게 되어 마찰을 일으킨다. 마찰은 부수적인 열을 만들게 되고 이 열은 더욱더 공기가 움직이도록 하는 것으로 변환된다. 비에르크네스의 순환 이론은 온도가 변화하게 될 때 유체 내에 어떤 일이 일어날 것인가를 수학적으로 설명한 것이다. 공기가 따뜻해지면 공기는 더 가벼워져서 상승하고, 공기가 차가워지면 더 무거워져서 아래로 내려오게 된다.

야심 찬 프로그램

1904년 빌헬름 비에르크네스는 스톡홀름 물리학회에서 〈날씨 예보를 위한 이론적인 방법〉이란 제목의 강연을 했다. 그는 초기 대기 조건으로부터 정보를 수학 방정식에 대입시켜 계산하는 수치 날씨 예보를 개발하는 프로그램을 제안했는데, 대기 중의 공기 움직임이 날씨 유형을 만드는 근원이므로 유체역학의 원리에 열역학의 지식을 결합시키게 되면 더 정확한 날씨 예보를 할 수 있을 것이라 믿었기 때문이다. 현재 대기 상태는 이전의 대기 상태에 작용하는 자연 힘들의 결과이다. 그러므로 알고 있는 초기 조건에 물리적인 원리를 적용시키면, 정확한 미래 상태를 예측할 수 있을 것이다. 유체의 물리적인 성질을 간단하게 했기 때문에 비에르크네스의 아이디어는 독특해 보였다. 그는 물리적인 원리를 특정한 날씨 현상의 발달, 진행, 소멸에 적용시켰다. 이러한 과학적인 후원은 날씨 예보에 신뢰성을 부여했고 정확성을 증가시켰다. 1905년 그는 기상학 프로그램의 방법을 개선하는 데 필요한 자금을 찾기 위해서 미국으로 떠났다. 워싱턴 D.C.에 있는 카네기 연구재단은 그의 제안에 감명을 받아 그에게 매년 연구비를 지불하기로 결정했다. 이 연구비는 36년 동안 그의 야심적이고 선견지명이 있는 연구 프로그램에 사용되었다.

1907년 크리스티아니아 대학교는 비에르크네스를 응용 유체역학과 수리물리학 교수로 임명했다. 그의 연구 목표는 대기와 해양 순환에 물리 유체역학을 적용시켜 새로운 접근 방법을 개발하는 것이었다. 그는 고민할 수밖에 없었다. 어떻게 자신의 방법을 보여주고 이러한 새로운 방법이 유용하다는 것을 확신시킬 수 있을까? 그러려면 많은 양의 자료가 필요했다. 그는 처음 몇 년간은 크리스티아니아에서 '과학으로 공기 분석'이 가능할 수 있도록 자료들의 단위를 표준화하는 데 국제적인 협력이 필요하다는 점을 끊임없이 설득했고, 자료를 모으는 데 많은 노력을 기울였다. 그는 자신의 아이디어를 설명하기 위해 집필한 시리즈 중 한 권을 요한 빌헬름 샌드스트뢈과 함께 썼고, 1910년에 《기상역학과 수계지리학》이란 제목으로 출판했다. 이 책은 대기와 해양의 활동하고 있지 않는 상태를 설명해놓은 것이다. 다음 해 그는 2명의 조수인 테오도르 헤셀베르크, 올라프 데빅과 함께 기준되는 물체의 질량 또는 힘이 없는 순수한 운동만을 연구하는 **운동학**에 대해 설명한 책 2권을 출판했다. 3권은 그의 제자들에 의해 써진 것으로 1951년에 출판되었다. 이 책들은 인기가 좋았고, 오랜 기간

> **운동학** 운동을 만드는 힘에 관계하지 않는 순수한 운동을 연구하는 과학의 한 부분.

동안 기상학자들은 날씨 분석을 향상시키는 수단으로 이 책을 추천했다.

빌헬름 비에르크네스는 결국 크리스티아니아 대학교의 공간과 인적 부족에 실망하게 되었다. 그는 독일 라이프치히 대학교의 지구물리학 교수직을 받아들여 그곳에서 대기과학에 전념할 수 있는 교육 및 연구센터를 설립했다. 라이프치히 지구물리연구소의 주요 연구 과제는 서로 다는 두 방향의 바람이 함께 모이는 **수렴선**이었다. 비에르크네스의 연구 그룹은 수렴선과 **스콜선** 사이의 관계를 찾았다. 스콜선은 강력한 바람을 동반하면서 빠르게 이동하는 뇌우들의 무리가 배열

> **수렴선** 두 개의 공기 흐름이 함께 만나는 지역.
> **스콜선** 한랭전선의 앞쪽에 선상으로 발생하는 뇌우.

된 것을 말한다. 라이프치히에서 연구에 몰두하고 있던 동안 비에르크네스의 명성은 높아갔지만, 1914년 제1차 세계대전이 발발함에 따라 연구를 계속할 수 없게 되었다. 결국 노르웨이의 해양학자 겸 북극 탐험가인 F.난센(1861~1930)이 베르겐 지구물리연구소의 설립을 위해 비에르크네스에게 기회를 만들어주었을 때 반갑게 받아들였고, 1917년 여름 고국으로 돌아왔다.

대기 내의 전투

1917년 비에르크네스는 베르겐 박물관의 부속 기관인 지구물리연구소를 설립했다. 베르겐 박물관은 1948년 베르겐 대학교로 개

편되었다. 베르겐이 항구였기 때문에 발달하는 폭풍을 관측하기에
는 최적의 장소였다. 전쟁으로 인해 기상학 분야에도 여러 가지 변
화가 나타났다. 실용적인 날씨 예보가 1순위가 되었던 것이다. 비에
르크네스는 기상학자들을 훈련시키고 군대에 날씨 정보를 제공하는
데 많은 시간을 보내면서 그가 가지고 있던 능력을 십분 발휘했다.
그의 아들 야곱 비에르크네스의 도움을 받아, 그는 노르웨이의 수
백 개 지점에서 매일 날씨를 관측하고 측정하는 관측망을 구축할 수
있었다. 이들 자료들은 군사 작전에 사용할 수 있도록 공급되는 가
치 있는 날씨 정보였다. 그는 전쟁이 끝난 직후까지 군대를 지원했
다. 또한 그는 농부를 위한 24시간 날씨 예보를 제공함으로써 부족
한 식량을 해결하는 데 정부가 적극적인 역할을 해야 한다고 주장했
다. 전국에 걸친 방대한 자료를 수집할 수 있는 관측소가 생기게 되
자, 다음 해부터 비에르크네스와 베르겐 기상학파라 불리는 그의 제
자들은 많은 연구 업적을 만들어내었다. 자료들을 지도에 기입하고
비에르크네스의 순환 이론에 이들 자료들을 결합시킴으로써 대기가
어떻게 기능하는지에 대한 식견을 넓히게 되었다.

　베르겐 연구팀의 연구에 의해 끊임없이 움직이는 기단으로 구성
되어 있는 대기의 전체적인 모습이 밝혀졌다. 대기 조건에 따라 여
러 가지 기상 현상들의 성질이 뚜렷하게 다른 기단이 만나는 불연속
선이는 곳에서 발생했다. 성격이 다른 기단들이 존재한다는 사실로
부터 물리적인 원리에 기초하여 기단 이동을 수학적으로 예측할 수
있었는데, 이에 따라 다가오는 날씨 유형까지도 예측해낼 수 있게

기단

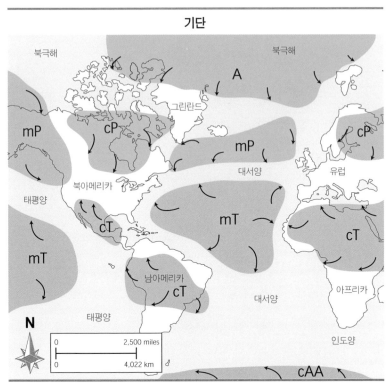

기단의 발원지	약어	특성
북극	A	매우 춥고 건조함
남극대륙	cAA	매우 춥고 건조함
남극	cP	춥고 건조함
열대대륙	cT	포근하고 건조함
열대해양	mT	포근하고 습함
극지방 해양	mP	시원하고 습함

기단은 원래 발원지에서는 동일한 온도와 습도를 가지고 있으나, 발원지로부터 이동하게 되면 그 성질이 점차 변한다.

되었다. 비에르크네스의 수학 모델들은 너무 복잡하여 발달된 컴퓨터 기술 없이는 실용적으로 날씨 예측을 할 수 없었다. 그러나 그와 그의 동료들은 이러한 자료들로부터 전선 개념을 개발하는 데 성공했다.

전선은 온도와 습도와 같은 물리적인 성질이 다른 두 기단 사이의 경계이다. 노르웨이 기상학자들은 격렬한 날씨를 발생시킬 수 있는 두 개의 성질이 다른 거대한 기단 사이의 충돌을 설명하기 위해서 군사 용어인 '전선^{front}'을 채택했다. 한랭 공기는 보통 비교되는 온난 공기보다 밀도가 크기 때문에, 두 기단은 만나더라도 혼합되지 않는다. 한랭 공기는 온난한 공기 아래로 들어가 온난 공기를 들어 올린다. 한랭 전선의 경우에는 쐐기 모양을 한 한랭 공기가 온난 공기의 기단 쪽으로 진행하고, 온난 전선의 경우에는 온난 공기가 한랭 공기의 기단 쪽으로 진행한다. 어떤 지역에 기단이 통과하게 되면 구름 형성과 강수를 포함한 여러 기상 현상들을 일으킨다.

한대전선은 고위도에서 형성된 한대기단과 중위도에서 형성된 열대기단을 분리시키는 반연속적인 전이대이다. 예를 들면 한대전선은 북미인 경우 일반적으로 알래스카와 남부 플로리다 주 사이에 위치한다. 1918년 야곱 비에르크네스는 온난 공기의 파동이 샌드위치 모양으로 되어 두 개의 전선이 수렴될 때 저기압 시스템이 발생한다는 것을 관측해낸다. 베르겐 연구팀은 중위도 저기압의 형성, 진행, 소멸을 설명하는 한대전선이론

한대전선 적도 쪽으로 향하는 한랭 공기와 중위도 온난 공기 사이의 경계를 나타내는 전선.

(베르겐 저기압 모델)을 개발하는 기초를 다져 놓았던 것이다.

고위도에서 만들어져 편동풍으로 부는 한랭 공기는 한대전선에서 반대 방향으로 부는 온난 공기와 만나게 된다. 두 공기의 세력이 비슷하면 거의 움직이지 않게 되지만, '한대제트류'의 흐름 또는 산과 같은 장애물에 의해서 요란을 받게 되면 전선면이 뒤틀릴 수 있다. 이것이 파동을 형성하게 되는데, 이런 현상은 약한 바람이 호수면 위로 불 때와 같이 밀도가 다른 두 개의 움직이는 유체가 만나는 경계에서 잘 일어난다. 북쪽으로부터 내려오는 한랭 공기는 남쪽으로 밀려 내려가 온난 공기를 대체하게 되어 V 모양을 형성하게 된다. 온난 공기는 북동쪽으로 밀려 올라감에 따라 수렴되는 점을 중심으로 발달하는 저기압 지역을 가진 시계 반대 방향의 기류를 형성하는데, 이러한 현상이 강화되고 온난 공기가 상승하게 되면 구름이 만들어지게 되는 것이다. **한랭전선**은 **온난전선**보다 더 빨리 이동하기 때문에, 어느 정도 시간이 지나면 온난전선을 따라잡게 되어 **폐색**전선을 만든다.

베르겐 연구팀이 개발한 저기압 발생에 대한 고전 이론은 한대전선에서 기원하는 파동 저기압을 설명했지만, 저기압 시스템은 다른 지역에서도 역시 발생할 수 있다. 빌헬름 비에르크네스는 20년간 연구한 결과들을 요약하여 1921

한대제트류 서쪽에서부터 동쪽으로 흐르는 제트류로, 북반구 중위도 상공에서 나타난다.

한랭전선 밀도가 크고 온도가 낮은 기단과 상대적으로 밀도가 작고 온도가 높은 기단 사이에 형성되는 전선.

온난전선 더운 공기가 찬 공기 위를 완만한 기울기로 타고 올라가게 되어 형성된 전선.

폐색 저기압의 마지막 단계로서 한랭전선과 온난전선이 서로 겹치는 단계.

한대전선 이론

한랭전선과 온난전선 사이의 수렴선에서 점차 형성되는 저기압 시스템. 파동 형성이 반시계 방향의 상승 기류 발달을 가져오고 한랭전선이 온난전선을 따라잡는 폐색이 일어나기 전까지 강화된다.

년 《대기 소용돌이와 파동 운동에 적용되는 원형 소용돌이의 역학에 관하여》란 책을 출판했다. 이 책에서 그는 저기압의 특징을 설명해놓았으며, 눈여겨봐야 할 점은 지금까지도 이 이론이 거의 변하지 않고 쓰이고 있다는 것이다. 그는 기단의 움직임을 해파, 소용돌이, 해류 흐름, 난류와 같은 해수 운동에 의해서 나타나는 힘들로 비유했다. 이런 고전적인 책이 성공하여 노르웨이뿐만 아니라 미국을 포함한 여러 나라로 퍼져나가 과학의 한 분야로 기상학을 새롭게 인식하게 되었다. 전선의 개념은 기상학자들에게 바람, 온도, 구름, 강수에 관한 정보를 제공하여 정확한 날씨 예보가 가능하도록 했다.

현대 기상학의 아버지

빌헬름 비에르크네스는 현재 오슬로 대학교로 이름이 바뀐 그의 모교에서 수학과 물리학 교수로 1926년부터 1932년 은퇴할 때까지 활동했다. 그는 은퇴하기 직전까지도 물리학을 가르쳤고, 유체역학 연구를 계속했으며, 흑점의 특성을 연구했고, 과학책과 논문을 썼으며, 관측 자료의 수집과 고찰로부터 기상학을 쓸모 있는 과학으로 만들기 위해 노력을 멈추지 않았다.

1931년 국제측지학 및 지구물리학 연맹[IUGG]의 기상학과 대기과학 국제협회[IAMAS]의 회장으로 종사한 그는, 미국 국립과학원[NAS]과 영국 왕립기상학회의 외국인 회원으로 추대받기도 했다. 그는 또한 오슬로 노르웨이 과학원, 워싱턴 과학원, 네덜란드 과학원, 프로시아 과학원, 에든버러 왕립학회, 로마 교황과학원의 정회원이었고, 여러 대학으로부터 명예 학위를 받았다. 그리고 그는 해양학으로 아가시 메달, 기상학으로 시먼스 기념 금메달과 바이스-발로트 메달을 받았다.

1951년 4월 9일 그는 심장마비로 노르웨이 오슬로에서 사망하게 된다. 1995년 유럽지구물리학회 해양과 대기 분과는 빌헬름 비에르크네스를 기념하기 위해 대기과학에서 훌륭한 연구 업적을 이룬 과학자에게 매년 수여하는 '빌헬름 비에르크네스 메달'을 제정했다.

기상학을 존경받는 과학의 한 분야로 정립시키고자 한 빌헬름 비에르크네스의 열망은 마침내 이루어졌다. 군대, 농업, 항공, 수산업은 재빠르게 비에르크네스의 연구를 실제로 응용하기 시작했다. 날씨 예보와 장기 날씨 예측의 정확성을 발전시키기 위해 유체역학과 열역학의 물리적인 원리를 적용한 그의 아이디어는 혁신적인 생각이었다. 오늘날 기상학자들은 초고속 컴퓨터를 사용하여 비에르크네스의 근원적인 시도에 기초한 수치 예보를 수행하고 있다. 저기압의 형성과 움직임, 기단, 전선, 모든 종류의 기본 원리와 날씨 예보에 관한 공헌으로 오늘날 그를 '현대 기상학의 아버지'라고 부르고 있다.

야곱(미국에서는 잭이라 부름) 비에르크네스는 1897년 11월 2일 태어난 빌헬름 비에르크네스의 아들로, 기상학 분야에서 존경받는 지도자이다. 기상학자들은 아버지와 아들이 서로의 능력을 보완하면서 함께 연구하여 많은 업적을 이룬 경우라고 입을 모아 칭송했다.

야곱은 1917년 라이프치히에서 아버지를 돕기 시작했지만, 그해 가족들이 베르겐으로 이사했고, 1918년 야곱은 베르겐 기상대 대장이 되었다. 기상학에 관한 야곱의 가장 중요한 공헌은 날씨 예보에 대한 합리적인 방법의 도입이었다. 이 방법은 수렴선과 스콜선과 같은 다른 날씨 현상과의 연결을 분석하는 것이다. 그는 북반구에서 수렴선은 바람이 수렴하는 방향에 있는 선을 따라 사람이 쳐다보고 있는 방향의 오른쪽으로 움직인다는 것을 관측해냈다. 그는 또한 수렴선과 어떻게 관련되는지에 따라 두 개의 뚜렷한 강우 형태가 나타난다는 것을 설명했다. 그중 하나는 광범위하게 띠 모양으로 나타나는 강우 지역과 다른 하나는 좁게 선상으로 나타나는 스콜이다. 베르겐 연구 그룹은 날씨와 바람 조건에다가 야곱의 발견을 적용하여 농부에게 가치 있는, 즉 비가 언제 내릴 것인지에 대한 예측을 하고자 노력했다.

계산 결과는 만족스럽지 못했지만, 이와 같은 연구를 통하여 두 개의 수렴선을 포함하고 이동하는 저기압, 즉 중위도 저기압 시스템에 대해서 잘 알게 되었다. 시계 방향으로 이루어지는 원형 회전과 상공으로 이동하는 온난기단은 한랭한 공기들에 의해서 양쪽 측면에 접하게 되어 뚜렷한 경계를 나타낸다. 이것은 보통 폭풍이 선도하는 가장자리와 연관되어 나타난다. 1919년, 불과 스물한 살이었던 야곱은 〈지구물리학 저널〉지에 〈이동하는 저기압의 구조에 관하여〉란 논문을 발표했다. 이 후 몇 년 동안 이러한 아이디어는 중위도 저기압의 한대전선 이론으로 발전했다.

1931년 야곱 비에르크네스는 베르겐 박물관의 기상학 교수가 된다. 1940년, 미국에 머무는 동안 독일이 노르웨이를 침공함에 따라 그는 고국으로 돌아갈 수 없었다. 로스앤젤레스에 있는 캘리포니아 대학교(UCLA)는 그를 기상학 교수로 임명했고, 물리학과 기상학 전공 주임이 되어 학생들을 가르쳤다. 5년 뒤 기상학과를 창설하여 학과장으로 봉사했는데, 이 학과는 후에 대기과학을 가르치고 연구하는 전 세계의 중심이 된다.

1930년대, 야곱은 저기압과 고기압 활동에 상층 기류를 포함시키고자 하는 그의 생각을 더욱더 발전시켰다. 이러한 생각에 대한 그의 연구는 1950년대 제트류를 새롭게 발견하는 길을 열어주는 역할을 하게 된다. 제트류는 대단히 빠르게 이동하는 상층 대기의 바람의 흐름으로, 겨울에는 풍속이 시속 180km이고 여름에는 반 정도가 된다. 이것은 폭풍과 토네이도의 발생과도 연관이 되는 것으로 조사되었다.

> **제트류** 상층에서 풍속이 빠르고 길이는 길고 폭은 좁은 기류.

1969년 야곱은 해양 온도와 대기 사이에 나타나는 상호작용을 주장했다. 이를 '비에르크네스 가설'이라고 부른다.

1966년 야곱 비에르크네스는 린든 존슨(1908~1973) 미국 대통령으로부터 미국 국가과학 메달을 받았다. 메달에는 "일기도를 보고 연구함으로써, 그는 대기 중에서 저기압을 만드는 파동과 바다에서 기후를 조정하는 사실을 발견했다"라는 문구가 새겨져 있다. 야곱 비에르크네스는 1975년 7월 7일 사망했다.

1862	3월 4일 노르웨이 오슬로에서 출생
1880	크리스티아니아 대학교에서 수학과 물리학 공부 시작
1888	크리스티아니아 대학교에서 과학 석사학위를 받음
1889	앙리 푸앵카레의 전자기학 강의 수강
1890	독일 본에서 전기 공명 연구를 위해 하인리히 헤르츠를 도움
1892	크리스티아니아 대학교에서 물리학으로 박사학위를 받음
1893	스톡홀름 공업학교 강사직 수락
1895	스톡홀름 대학교 응용유체역학과 수리물리학 교수가 됨
1897	수치적으로 온난과 한랭 유체로 만들어지는 대기 대순환 유형을 설명하고 이 개념을 대기에 적용함
1904	수치 날씨 예보 시스템을 제안
1905~41	카네기재단으로부터 매년 연구비를 지원받음

" 지구 기후가
인간 활동에 미치는
영향에 대해 관심을
가진 따울 크루첸 "

Chapter 10

오존층의 고갈을 예측한 대기화학의 선구자,

파울 크루첸

Paul J. Crutzen
(1933~)

존경받는 대기화학자, 노벨 화학상을 받다

피부가 타는 것을 방지하기 위해 자외선 차단 로션을 듬뿍 발라본 적이 있는 사람들은 인간 활동이 성층권 내에 있는 오존의 보호층을 파괴하지 않는다는 확신을 주기 위해 열심히 노력한 대기화학자들의 은혜를 입고 있는 것이다. 사람이 오존과 직접 접촉하게 되면 위험하지만, 인간은 자외선이 지구 표면에 도착하기 전에 햇빛 중에 위험한 자외선복사의 많은 양을 흡수하는 성층권 내의 오존에 의해서 보호를 받고 있다. 오존층의 화학에 대해 현재 알려진 지식의 대부분은 파울 크루첸의 노력에 의한 것이다. 파울 크루첸은 네덜란드 암스테르담의 교량 건축가로서 노동 현장에 들어온 숙련된 토목공학자였다. 크루첸은 오랫동안 학술 연구 활동을 해왔지만, 전쟁, 질병, 가난 등 불행한 어린 시절의 환경으로 인하여 토목공학자를 양성하는 기술학교로 진학하게 되었다. 어느 날 그는 기상학 연구 지원에 필요한 컴퓨터 프로그래머를 뽑는 자리에 지원하였고 경력은 없었지만 합격했다. 이렇게 그는 세계에서 가장 존경받는 대기화학자 중의 한 사람이 되었다. 1995년 파울 크루첸은 대기 중의 오존 양에 영향을 미치는 과정에 대한 대기화학의 연구로, 마리오 몰리나와 셔우드 롤런드와 함께 노벨 화학상을 수상했다.

> **성층권** 지상 10~30km에 위치하는 대기층.
>
> **자외선복사** 100mm에서 400mm 사이의 파장을 가진 고 에너지 복사로서 생물체에게 해롭다.

고난의 시간들

파울 크루첸은 1933년 12월 3일 네덜란드 암스테르담에서 태어났다. 그의 아버지인 요제프 크루첸은 웨이터였고, 어머니인 안나 구르크 크루첸은 병원 주방에서 일했다. 그의 어린 시절은 제2차 세계대전(1939~1945)으로 인해 식량, 식수, 연료가 부족한 어려운 시기였다. 그는 초등교육을 다 마치지 못했지만 이런 어려움에도 불구하고, 선생님의 특별한 도움으로 공부를 계속하여 1946년 중학교 입학시험에 합격할 수 있었다. 그리고 자연과학을 집중적으로 공부하면서 프랑스어, 영어, 독일어에 정통하기 위해 대학 입학시험을 준비했다. 여가 시간에는 축구, 체스, 네덜란드 운하와 호수에서의 아이스 스케이팅을 즐겼다. 그런데 파울은 천연두 예방 접종 부작용으로 중학교 졸업 시험을 망치면서 대학교 장학금을 탈 수 있는 자격을 갖추지 못했다. 집안이 넉넉하지 못했기 때문에, 파울은 기술학교에 진학했고 1951년 토목공학 교사 자격을 취득하게 된다.

1954년 크루첸은 스위스에서 방학을 보내던 중, 헬싱키 대학교에서 핀란드 역사와 문학을 전공하고 있던 대학생인 테르튜 소이닌 넨을 만나 사랑에 빠졌다. 그들은 1958년 결혼해 스웨덴의 가블레 로 이사했다. 1958년에 첫째 딸인 일로나가 태어났고 둘째 딸 실비 아는 1964년에 태어났다. 크루첸은 자신의 성공을 위해 일생 동안 내조해준 부인에게 강한 믿음을 가지고 있다.

1954년은 토목공학 과정을 마친 해로서, 크루첸은 암스테르담 시의 교량건설국에 직장을 얻었다. 그는 4년 동안 교량과 주택을 건 설하면서 일했다. 교량건설국에 근무하던 도중 21개월 동안 네덜란 드 육군에 입대하여 복무하기도 했다. 그러나 크루첸은 공부를 더 하고 싶었다. 1958년 그는 스톡홀름 대학교 기상학과 컴퓨터 프로 그램 작성자를 뽑는 시험에 원서를 냈다. 경험은 없었지만 운 좋게 고용되었고 그의 가족은 1959년 스톡홀름으로 이사했다.

두 번째 경력

세계기상연구소[IMI]와 관련되어 있는 스톡홀름 대학교 기상학 연 구소[MISU] 본부는 세계에서 가장 빠른 컴퓨터가 구비되어 있었고, 따 라서 스톡홀름은 기상 연구의 중심지가 되었다. 크루첸이 스톡홀름 에서 중점을 둔 일은 최초의 수치 날씨 예보 모델을 개발하는 것과 열대 저기압의 모델을 프로그램하는 것이었다. 대학에 근무했던 크 루첸은 강의를 들을 기회를 종종 가질 수 있었다. 그러나 그의 직책 으로는 물리학과 화학 강좌의 실험실에는 들어갈 수 없었기 때문에,

그는 실험과학자보다는 이론과학자가 되었다. 1963년 그는 수학, 통계학, 기상학 분야를 집중적으로 공부하여 '석사학위' 자격을 갖추게 되었다. 그는 기상학을 공부하는 박사과정 대학원생으로 계속 연구에 몰두했다. 그가 선택한 주제는 바로 성층권 오존이었다.

대기는 약 78%의 질소, 21%의 산소, 1% 미만의 아르곤으로 구성되어 있으며 크게 네 개 층으로 구분된다. 대류권은 지구 표면과 가장 근접해 있고, 그 다음 성층권, **중간권**, 태양과 가장 가까운 **열권**으로 되어 있다. 성층권은 상공 10km에서부터 50km까지 뻗어 있다. 성층권의 온도는 가장 아래쪽 지역에서는 $-55°$이고, 가장 높은 지역에서는 $-2.2°$가 된다. 온도 차가 나는 큰 이유는 성층권을 통해 햇빛이 통과할 때 오존(O_3)으로 알려진 산소의 한 종류에 의해 흡수되기 때문이다. 대기 중의 오존의 90% 이상이 성층권에서 발견되고, 이들은 유해한 자외선복사로부터 **생물권**을 보호하는 마치 방패와 같은 역할을 한다. 크루첸은 다른 과학자들의 도움을 받아 산소의 **동소체**가 대기 중에 얼마나 분포하는지를 알아내는 컴퓨터 모델을 개발했으며, 그러고 나자 특히 오존의 광화학에 관심을 가지게 되었다.

광화학은 화학반응에 미치는 빛의 영향을 취급하는 화학의 한 분야이다. 빛은 일부 화학작용을 촉진시킨다. 예를

중간권 지상 50km에서부터 80km 사이의 대기층.

열권 대기권 중에서 가장 높은 층으로 80km 이상의 고도에서 형성되는 대기층.

생물권 생명체를 지원하는 지구의 지역으로 여기에는 지구의 부분(지권), 지구의 물(수권), 지구의 대기(대기권)를 포함한다.

동소체 동일한 원소로 되어 있으나 구조적으로 다른 형태를 가진 것으로, 다른 화학적 및 물리적 성질을 가진다.

들면, 자외선은 산소분자(O2)를 깨트려 두 개의 산소 원자(O)로 만든다. 산소분자는 인간의 호흡에 매우 중요한 산소의 동소체이다. 성층권에는 많은 양의 자외선이 도달하기 때문에, 1원자로 된 산소의 농도는 높고, 1원자로 된 원자는 빠르게 산소분자와 반응하여 오존을 발생시킨다. 오존은 뚜렷한 냄새를 가진 푸른빛이 나는 기체이고 대류권 내에서 눈, 호흡기, 피부를 따갑게 하지만, 이것은 또한 태양이 방출하는 자외선을 흡수하는 능력을 가지고 있다. 자외선은 유해한 광선으로 식물을 말라죽게 하고, 시력을 저하시키며, DNA 디옥시리보 핵산를 변화시키고, 피부암을 발생시킨다. 그러므로 지구상에 살고 있는 인간은 대기 중의 오존에 의해서 보호받게 된다.

크루첸은 성층권 내의 농도와 분포를 설명하기 위해서 오존이 형성되고 파괴되는 화학반응률을 조사했다. 오존은 파괴되는 것에 더하여 자연적으로 끊임없이 생성된다. 오존은 매우 불안정하기 때문에, 오존 분자는 쉽게 산소원자를 성층권 내의 다른 분자에게 준다. 자외선이 다른 산소 동소체를 계속 깨는 한, 자유산소 원자(O)들은 이원자산소(O_2)와 결합하여 전체 농도를 유지하기 위해서 O_3의 분자들을 다시 만들게 된다. 크루첸은 며칠 동안 대류권 내에서 오존이 급격하게 감소되는 것을 설명하기 위해 제안된 '속도상수^{rate} $_{constants}$'들이 존재하는지에 대해서 도전하기로 마음먹었다. 이에 따라 그는 알려지지 않은 부수적인 광화학 과정들이 중요하다는 것을 주장했다. 여기에는 질소 화합물과 관련되는 과정들이 포함된다. 그는 또한 수산기(OH) **라디칼**과 메탄(CH_4) 사이의 반응이 중요하

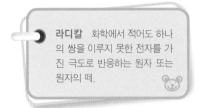

라디칼 화학에서 적어도 하나의 쌍을 이루지 못한 전자를 가진 극도로 반응하는 원자 또는 원자의 떼.

다는 것을 언급했는데, 이러한 연구를 종합하여 쓴 박사학위 논문으로 1968년 스톡홀름 대학교로부터 박사학위를 받게 되었다.

성층권 내에 존재하는 질소 화합물의 양은 오존 분포와 관련되는 것으로 알려져 왔기 때문에, 크루첸은 1969년부터 1971년까지 옥스퍼드 대학교에서 박사 후 과정 동안 성층권 내의 질산(HNO_3)

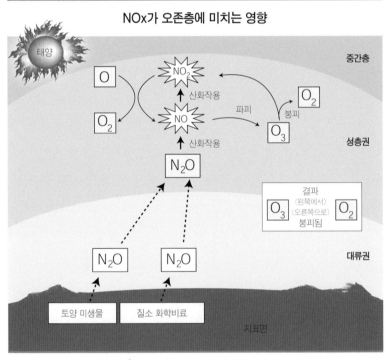

NOx가 오존층에 미치는 영향

태양

O

O_2

NO_2

산화작용

NO

파괴

산화작용

N_2O

N_2O N_2O

토양 미생물   질소 화학비료

중간층

O_2

붕괴

O_3

성층권

결과
(왼쪽에서)
O_3 (오른쪽으로) O_2
붕괴됨

대류권

지표면

토양 미생물에 의해서 만들어진 N_2O는 성층권에서 여러 가지 역할을 한다. 즉 성층권에서 N_2O가 산화되면 오존층을 파괴하는 NOx로 변하게 된다.

의 양을 계산하는 연구를 했다. 질소 산화물(NOx), 즉 일산화질소(NO)와 이산화질소(NO_2)가 성층권 내에 존재하게 되면, 성층권 내의 25~45km 층에서 오존 고갈이 가장 뚜렷하게 나타나는 것으로 밝혀졌다. 이러한 NOx는 질소일산화물(N_2O)이 붕괴할 때 형성된다. 토양 미생물에서 만들어지는 N_2O는 일반적으로 웃음 기체로 알려져 있다. 1970년 초반, 과학자들은 N_2O의 양이 일정하게 증가하여 대기 중으로 방출된다는 사실을 알지 못했다. 크루첸은 1970년 NO와 NO_2가 오존에 미치는 파괴적인 효과를 설명하기 위해서 〈대기 오존 양에 미치는 질소 산화물의 영향〉이란 논문을 영국 왕립기상학회에서 발행하는 〈쿼틀리 저널〉지에 발표했다.

초음속 여객기와 인공적인 염소

크루첸은 자신의 연구 결과에 대한 중요성을 다른 사람들이 즉각적으로 인식하지 못하고 심지어 어떤 사람들은 무시한 것에 대해 무척 당황했다. 그는 매사추세츠공과대학^{MIT}의 지원을 받아 증거를 찾는 연구를 수행했다. 그런데 1970년 MIT는 성층권에 많은 초음속 비행기가 비행하게 될 때 나타날 수 있는 영향을 분석했고, 초음속 비행기가 배출하는 NOx는 오존 광화학에 중요하지 않다고 결론을 내렸다. 이것은 NOx가 오존을 파괴한다는 크루첸의 의견과는 완전히 반대되는 것이었다. 이로 인해 자극을 받은 크루첸은 연구를 NOx, 수소 산화물, HNO_3까지 확장했다. 그의 학문적 바탕에는 한

계가 있었기 때문에, 자신의 연구에 필요한 화학의 많은 부분을 독학으로 이해해야만 했다. 1970년 12월, 초음속 여객기SST로부터 성층권에 배출되는 NOx의 증가가 심각하다는 점을 보여주는 논문을 접수했다. 이 논문의 제목은 〈산소-수소-질소 산화물을 포함한 대기 내의 오존 생성률〉이었는데, 안타깝게도 1971년 10월까지 〈지구물리학연구저널〉지에 실리지 못했다. 그 당시 영국에서 우편 파업이 장기간 이루어졌기 때문이다.

1971년 4월 캘리포니아 대학교 버클리 분교의 해럴드 존스턴 (1920~2012) 교수는 크루첸과 비슷한 의견을 담은 논문을 제출했고, 이것은 크루첸의 광범위한 연구가 나오기 2개월 전인 8월에 출판되었다. 그 결과 논문 출판 지연으로 불이익을 받은 대신에, 그는 유명한 과학자의 지지를 받게 되었다.

1971년 크루첸은 스톡홀름 대학교로 돌아왔고 NOx에 대한 그의 연구를 계속했다. 1973년 그는 옥스퍼드 대학교에 〈성층권과 대류권 내의 오존 광화학과 초고층 비행기에 의한 성층권의 오염에 관하여〉란 제목의 과학 박사학위 논문을 제출했다. 이 제목은 세상의 주목을 받았고, 미국 국립과학원은 1975년 NOx가 성층권 오존 화학에 파괴적인 역할을 한다는 결론을 요약한 보고서를 발간했다.

크루첸은 성층권 내에서 일어나는 화학반응과 같은 자연 과정들에 인간 활동이 어떻게 영향을 미치는지에 대해서도 관심을 가지게 되었다. 1973년 가을, 그는 오존 고갈에 관련된 최근 연구들에서 집중한 염소의 인공적인 배출원을 찾기 시작했다. 캘리포니아 대학

교 어빙 분교의 2명의 연구자인 마리오 몰리나와 셔우드 롤런드는
크루첸에게 〈클로로플루오로메테인에 대한 성층권 소멸원: 오존 파
괴에 촉매 역할을 하는 염소 원자〉란 제목의 논문 별쇄본을 보냈다.
크루첸은 성층권 염소에 대한 컴퓨터 모델을 개발했고, 몰리나와 롤
런드의 논문이 출판된 지 2개월 후 그는 CFCs가 계속하여 무차별
적으로 사용된다면 해발고도 40km에 있는 오존의 40%는 파괴될
것이라고 주장했다. 20년 후, 크루첸, 몰리나, 롤런드는 오존을 생성
시키고 파괴하는 데 관여하는 화학 과정들을 설명한 그들의 연구를
인정받아 1995년 노벨 화학상을 공동 수상했다.

오존 구멍

여러 과학자들은 이러한 발견들의 중요성과 오존 고갈에 대한 새로운 방식으로 접근한 크루첸의 전문가적 식견을 인정하게 되었다. 미국 해양대기청NOAA은 1974년 크루첸을 고용하여 콜로라도 주 볼더 시에 있는 초고층대기물리학연구소에서 수행하고 있던 성층권 화학 연구를 도와달라고 부탁했다. 그는 또한 국립대기연구센터 NCAR의 상층대기연구프로젝트를 위한 계약직 연구원으로 근무하기 시작했다. 이곳에서 그는 1977년 대기질 연구부의 책임자가 되었다. 관리자로 근무했음에도 불구하고 그는 오존 파괴에 미치는 염소의 촉매와 광화학 반응 모델링에 대해서 계속 연구했고, 또한 대기권과 생물권 사이에 일어나는 상호작용에 대한 미세한 평형을 조사하는, 둘 이상의 학문이 겹치는 학제간 프로젝트를 창설했다.

1980년대 중반 동안 크루첸은 남극대륙 상공에서 형성되는 오존 구멍의 원인을 찾는 노력에 동참했다. 1985년 영국 남극조사소의 조 파먼과 그의 동료들은 남극 상공에서 오존이 급격히 감소하고 성층권 내에 감소된 오존 양과 증가된 염소 양 사이에 상관관계가 있다는 중대한 보고서를 발표했다. 그다음 해, 크루첸의 과거 대학원생 중의 한 사람인 수잔 솔로몬은 염소가 남극대륙 상공 성층권에 구름을 형성하는 얼음 입자들의 표면에서 활성화될 것이라는 가설을 발표했다. 한편 크루첸은 하이델베르크에 있는 막스플랑크 핵물리학연구소의 프랑크 아놀드와 함께 1986년 〈네이처〉지에 〈한랭한 남극대륙 상공 성층권 내의 질산 구름 형성: 봄철 오존 구멍의 주요 원인〉이란 제목의 논문을 발표했다. 이 논문에서 그는 성층권 내에 존재하는 얼음 입자들의 습윤 표면들은 태양의 자외선이 CFCs에 작용하여 방출된 불활성 염소들을 매우 반응이 빠른 라디칼로 변환시켜 오존을 공격하는 분자들을 생성한다는 것을 설명해놓았다. 아주 나쁜 경우로 진행될 때는 생성된 분자 중의 하나인 일산화염소는 다른 분자들과 반응하여 염소원자들을 만들고 오존 파괴가 가속화되는 과정을 만들게 된다.

인공적인 염소와 브롬 화합물이 오존 고갈 과정을 일으키는 명백한 증거로서 밝혀지자, 1987년 유엔 회원국은 '몬트리올 의정서 Montreal Protocol'를 채택했다. 이 의정서는 오존층의 고갈을 일으키는 물질의 생산을 완전히 중단하고 염소와 브롬을 대기 중으로 방출하는 CFCs와 다른 물질들의 사용을 금지하는 내용을 담고 있다. 1996년에 이르러 산업 세계는 이러한 해로운 물질들의 생산을 중단했다. 이에 따라 이들 물질들이 대기 중에서 점차적으로 사라져 21세기 중반이 되면 오존이 회복될 것으로 예상했다. 유감스럽게도 그 당시의 과학자들은 온실기체GHGs의 배출 증가와 같은 다른 대기 사건을 미처 인식하지 못했던 것이다.

바이오매스 연소와 핵겨울

1970년부터 이산화탄소, 메탄, 질소일산화물 등을 포함한 GHGs의 대기 중의 농도가 증가함에 따라, **지구온난화** 현상이 나타나기 시작했다. 대기의 중요성에 대해 일반적으로 알려진 사실은 열대 삼림 벌채의 효과였다. 바이오매스 연소는 일반적으로 화전, 곤충과 잡초 박멸, 목초지 보호 등 다른 여러 이유로 열대지방에서 이루어진다. 대기 중으로 연기 입자들뿐만 아니라 대량의 GHGs가 방출되면, 대기 화학과 기후에 상당한 영향을 미치게 되는데, 과학자들은 연소에 의해 대기 중으로 이산화탄소와 다른 탄소 화합물이 과도하게 유입되게 되면 **온실효과**를 나타나게 하여 지구온난화를 유발하는 것으로 믿고 있었다. 1978년 콜로라도에서 산불이 일어난 후, 크루첸은 공기 샘플을 수집했고 방출된 기체들의 양과 비율을 측정하기 위해서 화학 분석을 수행했다. 그는 이들 자료로부터 기체들은 전 세계에서 방출되는 전체 양의 많은 부분으로 구성되어 있음을 알아냈고, 바이오매스 연소에 의해 방출된 GHGs의 효과에 더 많은 관심을 보여야 할 것이라는 사실을 깨달았다. 이에 따라 크루첸과 다른 과학자들은 탄화수소, 일산화탄소, NOx와 같은, 반응을 잘하는 미량 기체가 많이 방출되면 열대지방의 건기 동안 오존 형성

> **지구온난화** 이산화탄소와 같이 열을 흡수하는 기체들의 농도가 증가하여 지구 대기의 평균 온도가 증가하는 현상.
>
> **온실효과** 지표면에서부터 복사되는 열을 흡수하거나 재방출하는 대기 중의 수증기. 이산화탄소, 기타 기체에 의해서 지구 대기의 온도가 올라가는 효과를 말한다.

이 활발해진다는 것을 밝혀내었다. 하지만 그들이 예상한 바와는 다르게, 바이오매스 연소에 의한 오염은 지구온난화에 기여하기보다는 지구온난화를 방해했다. 2002년 과학자들은 석탄과 석유의 연소로부터 대기 중으로 유입된 검댕과 아황산가스를 포함한 인디아 상공의 구름을 연구하여 그 결과를 보고했다. 이러한 연구 결과는 이들에 의해 태양열이 상당히 감소되어 많은 장소에서 지구온난화 효과가 적어졌다는 것이었다. 최근 크루첸은 아시아와 아프리카 벌판에서 발생한 불이 태양광선의 10~15%를 가린다는 것을 보여주었다. 비록 연소가 지구온난화를 약화시킨다고는 하지만, 크루첸은 연기가 사라지게 되면 온실효과가 강화될 것이라고 경고했다.

1981년 스웨덴 왕립과학원이 발행하는 저널인 〈암비오^{Ambio}〉의 편집인은 지구 환경에 영향을 미치는 인자들에 대해서 연설을 한 사람이었다. 그는 크루첸에게 핵전쟁의 결과들에 관한 특별 주제로 에세이를 써달라고 요청했다. 크루첸은 성층권 내의 NOx의 양이 증가되면 오존 파괴를 일으킨다고 설명하고, 핵폭발로 인해 도시 환경의 잡동사니, 석유 저장소, 산업 설비, 삼림이 불타면서 발생되는 다량의 검댕을 포함한 연기에 대한 효과들에 대해서 더 논의를 해야한다고 말했다. 검댕은 입사하는 햇빛을 다량으로 흡수하기 때문에, 대낮은 어두워지고 지상 온도는 더 낮게 만든다. 컴퓨터 모델은 전반적인 크루첸의 예측을 확인시켜 주었다.

유명 과학자들과 천문학자이면서 유명한 작가인 칼 세이건 (1934~1996)은 크루첸의 주장을 '핵겨울'이란 개념으로 발전시켰다. 핵겨울은 지상 온도가 $10\sim35°$ 까지 급강하하는 것으로 전 세계 농업에 중대한 결과를 초래하게 된다. 세이건의 가정은 약간 억지스러운 면이 있었고 그의 예측은 극단적이었지만, 여러 연구들은 핵전쟁이 지구 대기와 기후에 심각하게 영향을 미칠 것이라는 사실을 뒷받침해 주었다.

하지만 크루첸은 핵겨울에 관한 그의 언급은 과학적인 업적이라기보다는 정치적인 면이 더 강했다고 주장했다.

그의 업적은 영원하다

1980년 크루첸은 독일 마인츠로 옮겨 그곳에서 막스플랑크 화학연구소 내의 대기연구소 소장이 되었다. 1983년부터 1985년까지 그는 이사로서 종사했다. 그는 1987년부터 1991년까지 시카고 대학교 지구물리학과의 계약제 교수직을 맡게 되었고, 1992년부터는 캘리포니아 대학교 샌디에이고 분교 소속의 스크립스 해양연구소에서 계약제 교수로 재직했다. 또한 1997년부터 네덜란드 위트레흐트 대학교 해양 및 대기과학 연구소의 계약제 교수로 시작하여 2000년 명예교수가 되었고, 같은 해 막스플랑크연구소의 명예교수로 이름을 올리기도 했다.

크루첸은 여러 과학 학회에 몸담았고 대기와 관련된 문제를 탐구하는 서른 개 이상의 과학 자문 위원회에서 봉사했다. 또한 그는 화려한 경력을 쌓는 동안 13권의 저서, 287편 이상의 과학 논문과

97편 이상의 연구 업적을 발표했다. 2002년 필라델피아 과학정보 연구소는 1991년부터 2001년 동안 110편의 출판물에서 크루첸이 2,911번 인용되어 전 세계 지구과학 분야에서 가장 많이 인용된 저자라고 밝혔다. 그는 14개국에서 수여한 명예 박사학위뿐만이 아니라 수많은 상을 받았다. 그가 받은 상 중에는 1984년에 받은 로렉스 발견 과학자 상, 1989년 타일러 환경 상, 1995년 유엔 환경 프로그램에서 수여한 오존층 보존에 많은 공헌을 한 사람에게 수여하는 세계 오존 상, 1996년 독일 연방에서 수여한 공로 훈장, 1996년 교황과학원 회원에 선출된 것을 포함하고 있다. 하지만 뭐니 뭐니 해도 그의 가장 뚜렷한 업적은 1995년에 받은 노벨 화학상이 아닐까 싶다. 이는 대기화학에 대한 그의 공로를 널리 알리며 세계가 인정한 큰 영광이었다.

파울 크루첸의 연구는 오존과 반응하는 NOx의 촉매 반응을 설명하는 것을 비롯하여 토양 미생물의 물질대사와 생화학 주기와 기후에 영향을 미치는 오존층 사이의 관련성을 증명하는 것이었다. 크루첸은 마인츠에 있는 막스플랑크 화학연구소에서 대기화학을 계속 연구했다. 몇 년 전 그는 불과 200년 앞서 시작된 현재 지질시대를 설명하는 '인류세'란 용어를 만들어내었다. 인류세는 폭발적으로 증가된 인간 활동으로 인해서 영향을 받아 일어난 뚜렷한 지질학적 및 생태학적 변화로 특성되는 지질시

> **인류세** 파울 크루첸에 의해서 제안된 이름으로, 약 200년 전부터 시작된 가장 최근의 지질시대를 말한다. 이것은 인간 활동의 영향으로부터 일어나는 지질학적 변화와 생태학적 변화에 의해서 특징지어진다.

대를 말한다.

크루첸은 겸손한 사람으로서 그의 업적에 대한 영예와 칭찬을 받기보다는, 대기 중에서 일어나는 복잡한 과정들을 설명하는 것을 더 좋아한다. 현재 그는 대기화학에 대한 근본적인 연구와 지구상에 살고 있는 모든 생명체에게 직접 영향을 미치는 오존 화학에 대한 선구적인 업적을 남기고 있다. 그의 연구 결과로 인해, 현재 국제 사회는 인간 활동의 부정적인 결과를 인식하고 있으며, 우선적으로 전 세계 대기를 연구하도록 했다. 전 세계적으로 지구의 보이지 않는 성층권을 인간의 유해 활동으로부터 보호하는 법률을 만들어 시행하고 있는 것이다.

노벨상 공동 수상자, 마리오 몰리나

마리오 호세 몰리나는 1943년 3월 19일 멕시코 멕시코시티에서 태어났다. 1965년 멕시코 국립대학교[UNAM]에서 화공학 학사학위를 받은 뒤, 독일로 건너가 2년 동안 프라이부르크 대학교에서 공부했다. 멕시코로 돌아온 그는 UNAM의 화공학과 조교수로 임명되었고, 1년 후 캘리포니아 대학교 버클리 분교의 물리화학과에 입학하여 1972년 박사학위를 취득했다. 그는 1년간 화학반응 때 일어나는 에너지 변화를 연구하면서 버클리에 머물다가 캘리포니아 대학교 어빙 분교로 자리를 옮기게 된다.

몰리나는 미국 물리화학자인 셔우드 롤런드[1927~]와 함께, 클로로플로오로카본[CFCs]으로 불리는 합성 유기 화합물의 종류를 연구하기 시작했다. 크루첸의 연구는 토양 속에 있는 박테리아에 의해서 방출되는 아산화질소가 성층권 내의 오존 분자들을 붕괴시킨다는 것을 증명하는 것이었다. 몰리나와 롤런드는 인공적인 오염물질들도 아산화질소와 같은 효과를 가질 것인가에 대해서 의문을 가졌다.

산업 현장에서는 에어로졸 스프레이 캔과 냉동제와 같은 생산품을 만들기 위해서 CFCs를 사용한다. CFCs는 대류권에서는 매우 안정적인 상태이지만, 상층 대기에서는 햇빛의 자외선에 의해 CFCs가 염소, 플루오르, 탄소 원자들로 깨어져 발견되었다. 하나의 염소 원자는 10만 개의 오존 분자들을 깰 수 있는 촉매의 가능성을 지니고 있다는 결정을 내린 후, 그들은 대기 중으로 방출된 매년 수백 톤의 CFCs가 오존층을 급격히 고갈시켜 지구 생물권을 위협하게 될 것이라고 주장했다.

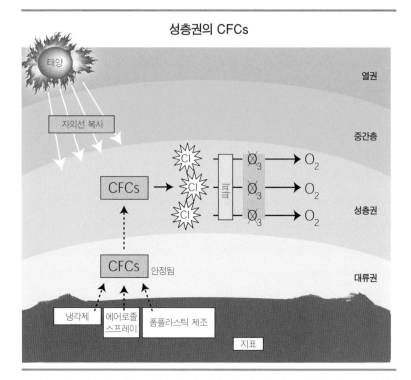

성층권의 CFCs

태양

자외선 복사

열권

중간층

CFCs → Cl, Cl, Cl 파괴 ⊗₃ → O₂ / ⊗₃ → O₂ / ⊗₃ → O₂

성층권

CFCs 안정됨

대류권

냉각제   에어로졸 스프레이   폼플라스틱 제조

지표

CFCs는 대류권 내에서는 안정적인 상태지만, 성층권 내에서 자외선복사가 CFCs를 깨면 오존층을 파괴하는 염소를 방출하게 된다.

이 연구로 인하여, 스웨덴 왕립 과학원은 크루첸과 공동으로 몰리나와 롤런드에게 1995년 노벨 화학상을 수여했다. 대부분의 나라들은 1995년부터 CFCs 생산을 중단했지만, 이미 방출된 CFCs는 향후 수십 년간 대기 조성에 계속 영향을 미칠 것이다.

몰리나는 1974년 캘리포니아 대학교 어빙 분교의 교수로 임명되었다. 그는 1982년 캘리포니아 공과대학Caltec의 제트추진연구소 분자물리학과 화학 분과에 합류했고, 2년 후 책임 연구원이 되었다. 이곳에 있는 동안 그는 남극 상공에 나타나는 계절적인 오존 고갈의 원인을 조사 중인 수많은 대기화학자들과 만났다. 1989년 매사추세츠 공과대학(MIT)은 몰리나를 지구, 대기 및 행성 과학과와 화학과의 교수로 임명했다. 1997년까지 MIT 연구소 교수로 근무한 그는 계속하여 대기화학을 연구하고 대기화학에 영향을 미치는 인간 활동에 대해서도 연구하고 있다.

연 대 기

1933	12월 3일 네덜란드 암스테르담에서 출생
1951~54	암스테르담에서 토목공학을 공부
1954~58	암스테르담 시 교량건설국에서 근무
1956~58	네덜란드 육군에서 복무
1959~74	스톡홀름 대학교 기상학과의 여러 직위를 거쳐 연구 부교수 자리에 오름
1963	스톡홀름 대학교에서 수학과, 수리통계학, 기상학을 집중적으로 연구하여 과학 석사 자격 취득
1968	성층권 오존의 광화학에 관한 박사학위 논문으로 스톡홀름 대학교에서 기상학 박사학위 취득
1969~71	잉글랜드 옥스퍼드 대학교에서 박사 후 과정 연구원으로 질소화합물이 오존에 미치는 영향 연구
1973	초음속 여객기가 오존에 미치는 파괴적인 효과에 관한 논문으로 스톡홀름 대학교에서 과학 박사학위 취득
1974	미국 NCAR의 연구과학자로서 상층대기 프로젝트 수행. 콜로라도 주 볼더 시에 있는 NOAA의 환경연구소 초고층물리실험실의 고문으로 종사

1976~81	포트 콜린스에 있는 콜로라도 주립 대학교 대기과학과의 외래교수가 됨
1977	NCAR에 의해 책임연구원으로 승진. 대기질연구소의 소장으로 임명
1980	독일 마인츠로 옮겨 막스플랑크 고등과학학회의 회원이 됨. 막스플랑크 화학연구소의 대기화학연구소 소장으로 임명
1983~85	막스플랑크 화학연구소의 운영이사로 봉사
1987~91	시카고 대학교 지구물리과학과의 계약제 교수로 근무
1992	캘리포니아 대학교 샌디에이고 분교의 스크립스 해양연구소의 계약제 교수로 임명
1995	오존의 형성과 분해에 관한 대기화학의 업적으로 마리오 몰리나와 셔우드 롤런드와 함께 노벨 화학상 공동 수상
1997~ 2000	네덜란드 위트레흐트 대학교의 해양 및 대기과학연구소의 계약제 교수로 근무
2000	막스플랑크 화학연구소와 위트레흐트 대학교의 명예교수가 됨

　대기권과 관련된 모든 현상들을 다루는 학문을 가리킬 때 대기과학이란 용어를 사용한다. 여기에는 기상학, 기후학, 고층기상학이 포함된다. 기상학은 날씨를 예보하고 이와 관련된 과정들을 설명하는 데 도움을 줄 수 있는 여러 가지 대기운동과 대기현상들을 연구하는 학문이다. 기상학은 비교적 짧은 기간 동안의 대기 상태를 연구하며, 대기권을 설명하기 위해 물리법칙들을 사용한다. 기후학은 1년 이상의 시간 규모로 관측된 대기의 평균 상태를 연구하는 학문이다. 또한 기후학은 어떤 장소에서 발생한 수많은 종류의 날씨를 포함한다. 고층기상학은 주로 자유대기 이상의 고도에 대해 연구하는 학문 분야이다.

　초기 기상학은 독립된 학문이 아니라 자연과학의 한 부분이었다. 게다가 기상학은 상당 부분 비과학적인 직관에 근거를 두고 있었다. 과학 발전에 가장 큰 공헌을 한 사람들은 기하학, 논리학, 철학을 발달시킨 그리스인이었다. 그리스인들은 기상 관측을 수

242

행하여 물리적인 이론을 만들었다. 고대 그리스의 최초의 철학자인 탈레스는 기상학 지식을 맨 처음 실생활에 활용한 사람으로 알려져 있다. 의학의 아버지로 알려진 그리스의 히포크라테스는 기후와 의학을 연구하여 자연환경과 질병의 상관성을 설명했다. 유명한 아리스토텔레스 역시 기상에 지대한 관심을 가지고 있었다. 기상에 대한 아리스토텔레스의 관심은 그의 제자들에게 그대로 전달되었다. 기원전 300년경 아리스토텔레스의 제자인 테오프라스토스는 일종의 날씨 예보서인 《징후서》를 출판했다. 이 책은 날씨와 관련된 특정한 징후들을 관찰함으로써 날씨를 예측하고자 했던 노력을 그대로 보여준다.

로마 제국 멸망과 함께 시작되어 르네상스의 시작과 함께 끝난 유럽 역사의 한 시기를 중세라 부른다. 우리가 중세를 암흑의 시대로 생각하는 것은 이 시기 유럽의 과학과 예술 분야가 매우 침체되었기 때문이다. 이 기간 동안에는 바빌로니아인, 수메르인,

한국인, 중국인, 힌두인, 이집트인, 아랍인 등에 의해 과학적인 발전이 이루어졌다. 예를 들면 바빌로니아인은 초기 수학의 기초를 다졌다. 이집트인은 무게를 정의하여 측정했고, 우수한 물시계를 발명했으며, 365일을 1년으로 하는 달력을 도입했다. 중국인은 나침반을 발명했고, 지속적인 천문 관측과 기상학적 예측을 실시했다. 한국인은 1441년 세계 최초의 우량계인 측우기를 발명했고, 1442년 전국적인 우량 관측망을 완성했다.

순수 자연과학으로서의 기상학은 기상측기의 발명과 기상 관측의 도입을 이룬 유럽에서 14세기 후반부터 태동했다. 기상현상에 신비주의적 사고를 적용하려는 사람은 이제 거의 없어지게 되었다. 경이로운 과학 발전의 속도는 16세기 후반부터 더욱 가속화되었는데, 이 책에서는 바로 이 시기 이후부터 활약한 기상학자들에 관한 이야기를 하고 있다.

19세기에 와서는 주로 물리학적 연구 성과를 토대로 각종 기상현상이 연구되기 시작했다. 가장 광범위하게 관측된 자료들은 지상 기온과 강수량이고, 가장 오랫동안 완전하게 기록된 기후 자료 역시 기온과 강수량이다. 20세기에 이르면 대기의 특징들이 더욱 상세하게 밝혀진다. 과학 기술의 발전사는 기상학 발전사와 같은 길을 걷고 있다. 그리고 전쟁은 훌륭한 촉매제가 되었다. 제1차 세계대전(1914~1918) 동안, 상층 대기의 상태를 알아야 할 필요성이 높아지자 상층 대기관측을 위해 기구, 기상 연, 비행기 등이 다양하게 활용되었다. 그 후 라디오존데가 발명되어 실용화됨에 따라 상층 대기 관측은 새로운 전기를 마련했다. 제2차 세계대전(1939~1945)을 통해 날씨 예보는 전쟁에서 필수적인 수단으로 등장했다. 이에 따라 기상 레이더의 등장을 가져왔다.

20세기 기상학 발전에 가장 큰 영향을 미친 사람은 스웨덴 출신 기상학자인 카를 로스비를 들 수 있다. 로스비는 상층에 나타나는 거대한 수평 파동을 연구했는데, 오늘날 이것을 로스비파로

부르고 있다. 또한 로스비는 제트류를 최초로 발견하고 명명했다. 1950년, 컴퓨터에 의한 수치 예보 시스템이 최초로 구축되었다. 그리고 대기를 탐사하기 위해 기상위성을 궤도에 진입시킴으로써 대기 연구의 새로운 차원이 이루어졌다. 최초의 기상위성은 1960년 미국이 발사한 극궤도 위성인 TIROS 1호이고, 정지 기상위성은 1966년 ATS 1호가 미국에서 발사되었다.

21세기인 지금 전 세계에서 관심을 가지는 것은 지구온난화이다. 지구온난화는 대기 중의 온실 기체의 양이 증가함으로써 가속화되고 있다. 지구온난화가 진행되면 지구 상을 덮고 있는 빙하가 녹아 해수면 상승을 이루게 된다. 현재 빙하 융해 현상이 곳곳에서 관측되고 있다. 지구온난화가 가속화되어 북극해에 북극곰이 빠져 죽을 날이 오지 않을까?

인간 정신의 위대한 업적인 과학은 수많은 과학자들의 끊임없는 노력에 의해서 이루어진 것이다. 그러므로 위대한 과학자들의 생애는 매우 흥미로울 수밖에 없다. 이런 이유로 인해 이 책이 기획된 것이라 생각한다. 과학은 영원히 발전해야만 하기 때문에, 이 책을 읽는 여러분들이 그 발전을 이어가는 주인공이 되기를 간절히 바라는 마음으로 글을 마친다.

2006년 12월 윤일희